내 강아지를 위한

질병 사전

코구레 노리오 감수 강현정 옮김 하니동물병원 번역 감수

항상 지켜주고 싶은 반려견을 위한
질병 발견 관찰 포인트 6

우리 개는 어떤 성격?
견종별 성격과 케어 방법 10

질병이 의심되는 증례 차트
증상 체크로 알 수 있는 질병 31

이런 증상이 나타나면		열이 있다	50
빨리 병원으로!	32	피부가 이상하다	52
식욕이 없다	34	눈이 이상하다	54
토한다	36	귀가 이상하다	56
설사를 한다	38	코가 이상하다	58
변비를 보인다	40	입에서 냄새가 난다	60
먹는 양, 횟수가 증가한다	41	침을 많이 흘린다	61
마른다	42	호흡을 괴로워한다	62
배가 부어오른다	44	기침을 한다	64
붓는다	46	피를 토한다	65
먹는 양, 횟수가 증가한다	47	털이 빠진다	66
소변이 나오지 않는다,		발육이 늦다	67
보기 힘들어 한다	48	경련을 한다, 의식을 잃는다	68
소변 색이 이상하다	49	걷는 모습이 이상하다	70

반려견 Q&A 반려견을 위한 최신의료 72

'치료'보다 '예방'이 중요!

반려견의 일일 헬스 케어 73

지금 당장 위험한 곳을 체크!
실내 안전 확인 가이드맵 74

실내보다 위험이 가득!?
실외 안전 확인맵 76

청결하게 하는 것도 질병 예방
반려견의 스킨케어 78

건강한 신체는 바른 식사에서부터
식사의 기본 82

리더가 누구인지를 이해시키는 데에도 중요한
건강 유지를 위한 운동의 기본 92

원인부터 알아보는
심리 문제의 케어 대책 96

좋은 병원을 선택하는 것도 반려인의 몫
동물병원에 대한 기초지식 100

반려견을 위해 알아두어야 할 약
약의 기초지식과 예방접종 106

'부위별로 알아보는 주요 질병

알아두면 좋은
내 강아지를 위한 질병 사전 111

심장과 혈액 관련 질병 112
호흡기 질환 124
소화기 질환 136
비뇨기 질환 153
생식기 질환 163
뇌와 신경 질환 175
내분비 질환 184
뼈와 관절의 질병 191
감염증 203
기생충 215
중독 222
피부 질환 223
눈과 귀의 질병 239
이빨과 구강 질환 256
종양 263

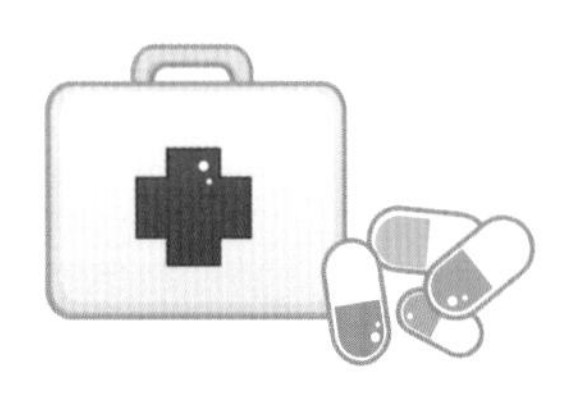

반려견 Q&A 행동으로 표현하는 반려견의 감정 266

계절과 연령에 따른
반려견의 건강 관리와 케어 267

계절에 맞는 쾌적한 환경을 조성하자
계절에 따른 건강 관리 268

새로운 환경에 빨리 적응시키자
유견의 건강 관리와 케어 272

노화의 시작은 7세 전후부터
노령견의 건강 관리와 케어 275

건강한 새끼를 낳을 수 있는 환경을 만들어주자
번식시키는 방법과 임신·출산 284

일찌감치 해주면 스트레스를 받지 않는 아이로
중성화 수술 방법 290

갑작스러운 사고, 부상의 주치의는 반려인!
응급처치의 기본지식 293

반려견 Q&A 마이크로칩이란? 301

후기 302

찾아보기 303

항상 지켜주고 싶은 반려견을 위한

질병 발견 관찰 포인트

얼굴을 본다

반려견의 표정 변화를 알 수 있는 이는 함께 살고 있는 반려인뿐이다. 건강한 얼굴인지 매일 체크하는 것을 잊지 말자.

귀

바람직한 상태

귀 안쪽의 피부가 팽팽하고 피부색이 깨끗하다. 악취가 나지 않고 귀지가 쌓여 있지 않은 청결한 상태. 귀가 늘어진 견종이나 귓속에 털이 많은 견종은 특히 주의한다.

이럴 때 주의

- 악취가 난다.
- 귀를 흔든다.
- 귀지가 쌓여 있다.
- 출혈이 있다.
- 부어 있다.
- 고름이 나온다.
- 귀를 자주 긁는다.
- 불러도 반응하지 않는다(반응이 느리다).

입· 이빨

바람직한 상태

잇몸이나 혀는 연한 분홍색이나 붉은 기가 돈다. 이뿌리가 살짝 누런 정도는 정상. 냄새가 별로 나지 않고 침이 적다.

이럴 때 주의

- 침이 많이 나온다.
- 구취가 심하다.
- 이의 지저분함이 눈에 띈다.
- 피가 난다.
- 이빨이 빠지거나 흔들린다.
- 입을 다물지 않는다.
- 입술이 부어 있다.

눈

바람직한 상태

적당히 촉촉하고 반짝이며, 탁하거나 출혈, 눈곱이 생기지 않는다. 눈이 튀어나온 견종, 장모종은 특히 주의. 눈의 이상은 신경질환 증상의 하나일 수도 있다.

이럴 때 주의

- 눈곱이 많다.
- 눈물이 흐른다.
- 가려워한다.
- 출혈이 있거나 탁하다.
- 눈꺼풀이 부어 있다.
- 눈부셔 한다.
- 어딘가에 부딪치면서 걷는다.

코

바람직한 상태

적당히 축축하고 반질반질 윤기가 나는 상태(단 자고 있을 때나 잠에서 깬 직후에는 말라 있다). 코가 짧은 견종은 주의가 필요.

이럴 때 주의

- 말라서 갈라져 있다.
- 콧물이 흐른다.
- 피가 난다.
- 부어 있다.
- 재채기나 기침을 한다.

건강한 얼굴이란?

건강한 얼굴의 판단 기준은 반려견의 상태를 체크하는 중요한 포인트이다. 간식을 들고 반려견을 부를 때 어떤 얼굴인지 확인해보자. 기대감에 차서 반짝반짝 눈을 빛내며 바라본다면 그것이 바로 건강한 얼굴이다. 매일 빼먹지 말고 건강을 체크하자.

잘 부탁해! 컹!

평소의 상태와 체크 포인트를 파악해두면 반려견의 이상을 빨리 발견할 수 있다!
따라서 일상적인 관찰은 필수!

몸을 본다

반려견의 이상은 빗질이나 매일 보는 변 상태로도 알 수 있다. 일상적인 행위야말로 조기발견의 지름길이다.

피모·피부

바람직한 상태

비듬이나 죽은 털이 적고 피모에 윤기가 있다. 피부는 흰색에서 살색, 분홍색이 정상이다.

이럴 때 주의

- 부분적인 탈모 상태.
- 털을 자주 핥는다.
- 가려워한다.
- 털에서 악취가 난다.

발톱

바람직한 상태

자라는 상태에 따라 한 달에 1~2번 정도 깎아준다. 실외견은 자연적으로 닳기도 한다. 실내에서 키우는 개의 발톱을 방치하면 보행에 지장이 생기므로 신경 써야 한다.

이럴 때 주의

- 걷는 모습이 어색하다.
- 걸으려 하지 않는다.
- 피가 난다.

항문·질

바람직한 상태

냄새가 적고 분비물 등이 나와 있지 않다. 항문을 바닥에 비비는 행동을 한다면 주의 깊게 지켜봐야 한다.

이럴 때 주의

- 자주 핥는다.
- 항문을 바닥에 비벼댄다.
- 질에서 이상하게 분비물이 나온다.

대변이나 소변 체크도 잊지 말자!

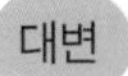

비닐장갑을 끼고 손으로 잡히는 정도의 경도에 색도 일정한 것이 정상. 무른 변이나 설사, 점액이나 피가 섞이거나 벌레가 있는 등의 이상이 있다면 주의 요망.

노란색이 감돌면서 투명하고 암모니아 냄새가 살짝 나는 것이 정상. 배뇨 횟수나 양이 극단적으로 늘거나 줄거나 색깔이 붉거나 탁하다면 주의 요망.

몸짓이나 행동을 본다

반려견은 몸짓이나 행동, 목소리 등으로 몸의 이상 신호를 보내기도 한다.
신경 쓰이는 행동이 없는지 자주 확인하자.

목소리

바람직한 상태

울음소리가 평소와 똑같은지 확인한다. 평소보다 우는 횟수가 많거나 어리광부리듯이 우는 소리를 내는 경우에는 심리적 문제나 통증이 원인일 수도 있다.

이럴 때 주의

- 쉰 목소리로 운다.
- 등을 둥글게 말고 어리광부리듯이 운다.
- 심한 통증을 호소하듯 운다.

호흡

바람직한 상태

일정한 리듬으로 호흡을 반복한다. 계절, 체구에 따라서도 다르므로 평소의 호흡수를 파악해두어야 한다.

이럴 때 주의

- 기침을 한다.
- 괴로운 듯이 숨을 쉰다.
- 평소보다 호흡이 빠르다.
- 목에서 소리가 난다.
- 운동 후 호흡이 심하게 흐트러진다.

식욕

바람직한 상태

평소에 급여하는 식사량으로 만족한다면 정상이다. 식욕은 있는데 마르는 경우라면 주의해야 한다.

이럴 때 주의

- 갑자기 먹지 않는다.
- 서서히 먹지 않게 된다.
- 식욕이 감소한다.
- 변 등의 이물을 먹는다.
- 이상하게 식욕이 증가했다.
- 식욕이 있는데도 말라간다.
- 식후에 구토를 한다.
- 물을 많이 마신다.
- 물을 마시려 하지 않는다.

걷는 방법

바람직한 상태

힘차게 걷거나 달린다면 문제가 없다. 한여름의 산책 시에는 지면이 뜨거워서 걷는 모습이 이상해질 수 있으니 주의한다.

이럴 때 주의

- 걸으려 하지 않는다.
- 다리를 질질 끈다.
- 한쪽 다리를 들고 걷는다.
- 다리에 힘이 들어가지 않는다.
- 다리가 굽은 듯이 보인다.
- 경련을 일으킨다.
- 다리가 마비되어 있다.

어디를 만지든 싫어하지 않는 성격으로 키우는 것이 중요하다.
갑자기 만지는 것을 싫어한다면 질병이나 상처를 의심해야 한다.

만지는 것을 싫어하는 이유는?

과거에 아팠던 기억이나 싫었던 경험이 원인일 수 있다. 끈기 있게 '아프지 않다'는 것을 개에게 이해시키면 해결된다. 만지면 우는 소리를 내고 싫어할 때에는 통증을 호소하는 것일 수도 있다. 반려인에 대한 반항이거나 자기보다 아래라고 판단한 상대에 대한 어필인 경우도 있으므로 잘 보고 판단해야 한다.

이럴 때 주의

- 안 좋은 경험이 있다.
- 통증이 있다.
- 스트레스로 인한 반항.

체중

개마다 정해진 표준체중은 각 견종의 표준체고 범위 내에서 설정한 것이다. 체고가 표준보다 높거나 낮은 경우에는 표준체중에서 증감하여 반려견의 표준체중을 설정해야 한다(88쪽 참조).

재는 방법

① 개를 안고 체중계에 올라가서 잰 후에 사람의 체중을 뺀다.
② 바구니 등에 개를 담아 체중계에 올려놓고 바구니의 무게를 뺀다.
③ 체중계를 2대 준비하여 양 체중계에 앞다리와 뒷다리를 각각 올리고, 두 대의 수치를 더한다(무거워서 안지 못하는 대형견의 경우).

체온

대형견의 평균체온은 37.5~38.5℃이고 소형견은 38.5~39℃이다. 평열과 ±1℃ 이상 차이가 있는 경우에는 주의해야 한다. 동물병원에서는 항문에 체온계를 꽂아 장 온도를 측정하는데, 가정에서는 이 방법이 익숙하지 않을 것이므로 아래의 방법으로 측정한다.

재는 방법

웅크린 다리 사이에 개를 끼우듯이 앉히고, 뒷다리 안쪽에 체온계를 끼우고 누른다. 개 전용으로 나온 디지털 체온계가 가장 좋다.

'동장단족'이 차밍 포인트인 인기 견종

미니어처 닥스훈트

특징

오소리사냥개였던 것을 소형화시킨 것이다. 피모의 차이에 따라 스무스(단모), 롱(장모), 와이어(짧고 성긴 털) 등 3종으로 나뉜다. 컬러의 종류도 다양하다. 크기, 피모의 종류가 다른 것끼리 교배해서는 안 된다. 사지의 뼈대가 굵다.

성격

원래 사냥개였기 때문에 노는 것을 좋아하고 적당한 경계심이 있으며 잘 짖는다. 훈련을 시키려면 다소 끈기가 필요하다. 희로애락이 뚜렷해서 보고 있으면 질리지 않는 견종이다.

케어 방법

동체가 길기 때문에 등뼈에 부담을 주는 운동은 금물이다. 비만도 요통의 원인이 되므로 체중관리를 확실하게 해야 한다. 귀가 늘어져 있기 때문에 귀를 잘 손질하는 것이 중요하다. 롱헤어드는 피모가 뭉치기 쉬우므로 빗질을 자주 해준다.

걸리기 쉬운 질병

- 추간판 헤르니아(181쪽)
- 갑상선 기능저하증(188쪽)
- 요로결석증(161쪽)
- 동맥관 개존증(117쪽)
- 외이염(252쪽) 등

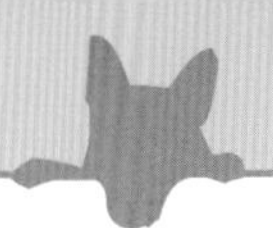

봉제인형처럼 귀여운 외모와 영리함 때문에 인기

토이 푸들

Toy Poodle

체고 20~28cm
체중 3~4.5kg

특징

이 밖에도 미니어처, 미디엄, 스탠더드가 있다. 피모는 웨이브가 진 부드러운 감촉이며 컬러도 다양하다. 늘어진 귀와 짧은 꼬리가 특징. 몸은 늘씬하지만 근육질이다.

성격

원래는 트뤼프(프랑스 특산 송로버섯) 채취에 쓰이던 엽견이다. 두뇌와 기억력이 좋아서 훈련시키기 쉽다. 털빠짐이나 냄새, 헛울음이 적어서 반려견으로 인기가 높다.

케어 방법

피모가 엉키지 않도록 매일 빗질을 해준다. 눈물 때문에 눈 주변의 털이 변색되는 눈물독이 생기지 않도록 케어하고 귀도 빼먹지 말고 체크한다. 충분한 운동이 필요하다.

걸리기 쉬운 질병

- 혈소판 감소증(122쪽)
- 출혈성 위장염(142쪽)
- 유루증(242쪽)
- 외이염(252쪽)
- 레그 페르테스병(198쪽)

실크 같은 피모의 아름다움 때문에 '움직이는 보석'이라는 찬사를 받는다

요크셔테리어

체고 15~25㎝
체중 1.5~3.3㎏

특징

영국 요크셔 지방에서 쥐를 구제하기 위해서 사육하던 개를 소형화시킨 것이다. 도그쇼에서는 길게 자란 아름다운 피모를 중요하게 여긴다.

케어 방법

피모가 매우 아름답지만 손질하기가 어렵다. 가정에서 기르는 경우라면 짧게 잘라준다. 스트레스가 쌓이기 쉬우므로 짧은 시간이라도 매일 산책 시키는 것이 좋다.

성격

감각이 예민하고 에너지가 넘친다. 테리어 특유의 격렬한 기질과 고집스러운 성격 때문에 반려인 외에는 길들이기 어려운 경우도 있다. '눈으로 말한다'라고 표현할 정도로 표정이 풍부하다.

걸리기 쉬운 질병

- 동맥관 개존증(117쪽)
- 수두증(178쪽)
- 슬개골 탈구(195쪽)
- 레그 페르테스병(198쪽)
- 요로결석증(161쪽) 등

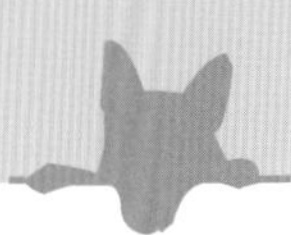

조상은 아이슬란드의 썰매 개. 의외로 승부욕이 강한 것도 귀엽다

포메라니안

Pomeranian

체고 17~20㎝
체중 1.3~3.2㎏

특징

소형이고 동체가 짧으며 말린 꼬리가 등에 올라타듯 뻗어 있다. 피모는 부드럽고 풍성하다. 몸은 단단하지만 골격이 가늘며, 특히 사지가 가냘프다.

성격

대형 견종을 소형화하는 과정에서 신경질적인 면이 나타난다고 하는데, 포메라니안도 신경질적이고 호전적이다. 가족 외에는 쉽게 길들여지지 않고, 큰 상대에게도 잘 짖는다.

케어 방법

신경질적인 면이 나타나면 다루기 힘들어지므로 훈련을 철저히 한다. 빗질은 매일 꼼꼼하게. 비만 예방, 여름의 더위 대책을 확실하게 한다. 신경질적이 되지 않도록 산책은 매일 시킨다.

걸리기 쉬운 질병

- 동맥관 개존증(117쪽)
- 승모판 폐쇄부전(112쪽)
- 기관허탈(129쪽)
- 정유정소(169쪽)
- 슬개골 탈구(195쪽) 등

프랑스어로 '나비'를 뜻하며 커다란 귀에서 유래했다

파피용

특징

파피용은 프랑스어로 '나비'라는 뜻이다. 늘어진 귀가 나비같다고 하여 이런 이름을 갖게 되었다. 단결 같은 피모, 커다란 귀가 특징이다. 냄새도 적다.

성격

대담하지만 온순해서 길들이기 쉽고 어리광을 잘 부린다. 16세기의 유럽 귀족 사회에서 특별하게 여기던 개였기 때문인지 제멋대로인 면도 있다. 새끼를 잘 키운다.

케어 방법

어리광부리는 개에게 공사구분을 확실하게 가르친다. 빗질은 매일 해주고 스트레스 발산을 위해 하루 한 번은 운동을 시킨다.

걸리기 쉬운 질병

- 슬개골 탈구(195쪽)
- 기관허탈(129쪽)
- 안검내반(239쪽)
- 아토피성 피부염(223쪽) 등

이름은 '라이온'이지만 소박하고 작은 인기인

시추

체고 20~27㎝
체중 4~8㎏

특징

티벳 출신의 라사 압소와 페키니즈의 혼혈로 알려져 있는 중국 출신의 개. 중국어로 '사자'가 이름의 유래이다. 짧은 코가 특징. 몸이 튼튼해서 키우기 쉽다.

성격

작업견도 사냥견도 아니기 때문에 온후하고 사람을 매우 따른다. 경계심도 헛울음도 거의 없기 때문에 가정에서 키우기 쉬운 것도 장점이다.

케어 방법

움직이는 것을 좋아하므로 매일 많은 운동을 시키고 빗질도 거르지 않는다. 반려인 곁에 있고 싶어 하므로 너무 어리광부리지 않도록 주의한다.

걸리기 쉬운 질병

- 혈소판 감소증(122쪽)
- 연구개 과장증(128쪽)
- 안검내반(239쪽)
- 아토피성 피부염(223쪽)
- 요로결석증(161쪽) 등

콧수염이 트레이드마크인 호기심이 왕성한 테리어견

미니어처 슈나우저

특징

독일어로 '콧수염'(슈나우쯔)이 이름의 유래. 원래는 쥐잡이로 이용되었다. 몸이 튼튼하고 근육이 잘 발달해 있다.

성격

반려인에 대한 충성심이 강하기 때문에 훈련시키기 쉽다. 반대로 경계심도 강하고 신중해서 잘 짖는 면도 있다.

케어 방법

피모의 손질은 정식으로는 빗질(죽은 털 제거)을 한다. 긴 부분의 털은 청결에 신경 쓴다. 기억력이 좋으니 울지 않도록 빨리 훈련시킨다.

걸리기 쉬운 질병

- 당뇨병(187쪽)
- 백내장(247쪽)
- 정유정소(169쪽)
- 아토피성 피부염(223쪽)
- 요로결석증(161쪽) 등

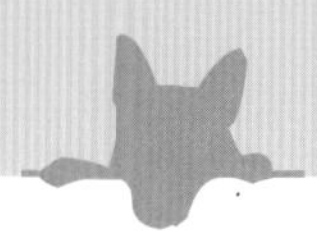

네모난 두상과 박쥐 귀, 온화하고 쿨한 인기 견종

프렌치 불도그

French Bulldog

체고 25~30cm
체중 8~13kg

특징

영국의 소형 불독에 퍼그나 테리어를 교배한 것으로 보고 있다. 짧은 코와 쫑긋 선 귀, 단단한 골격이 특징이다.

성격

원래 투견이었는데 소형화 과정에서 성격도 온순하게 개량되었다. 허리와 다리가 강하기 때문에 돌아다니기를 좋아한다. 기억력이 좋고 헛울음이 적어 키우기 쉽다.

케어 방법

침, 눈곱, 주름 사이의 더러움 등을 부지런히 닦아내고 몸을 청결하게 유지한다. 충분한 운동과 식사관리로 비만을 예방하는 데 신경 쓴다.

걸리기 쉬운 질병

- 안검외반(239쪽)
- 속눈썹 이상(241쪽)
- 백내장(247쪽)
- 요로결석증(161쪽) 등

'개들의 귀족'이라고 불리며 옛날부터 순수 반려견으로 사랑받았던 개

말티즈

특징

작업견이나 사냥개로 이용되던 역사가 없는 타고난 반려견. 순백에 실크 같은 광택이 있는 피모를 가졌으며 밑털이 없다. 새까맣고 동그란 눈도 특징이다.

성격

지적이고 우아, 활발하고 밝고 쾌활한 반려견. 작은 몸에 어울리지 않게 용감하다. 사람의 마음을 민감하게 감지하고 어리광이 능숙한 면도 있다.

케어 방법

목욕은 다른 견종보다 자주한다. 빗질은 매일 꼼꼼하게 한다. 눈, 입 주위는 항상 청결하게. 통기성이 좋지 않은 귀를 체크하는 것도 중요하다.

걸리기 쉬운 질병

- 유루증(242쪽)
- 슬개골 탈구(195쪽)
- 혈소판 감소증(122쪽)
- 승모판 폐쇄부전(112쪽)
- 동맥관 개존증(117쪽) 등

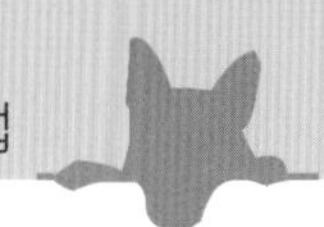

다부진 몸에 언밸런스한 짧은 다리, 뒷모습도 귀여운 동장견

웰시 코기 펨브룩

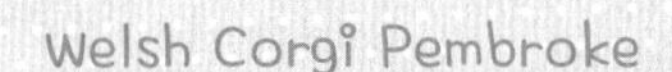

체고 25~30㎝
체중 8~14㎏

특징

웰시 코기에는 꼬리털이 긴 가디건과 꼬리털이 짧은 펨브룩이 있는데, 모습은 비슷하지만 다른 견종으로 분류된다. 동장단족, 튼튼한 골격이 특징.

성격

원래 목축견으로 반려인의 일을 도왔기 때문에 복종적이면서도 사교적이다. 소나 양을 무리로 돌아가게 하는 역할이었기 때문인지 용감하면서도 영역 의식이 강하다. 훈련시키기는 쉽다.

케어 방법

무는 버릇이 있으므로 일찌감치 훈련을 시키도록 한다. 털갈이 시기에 털이 수북이 빠지므로 빗질로 꼼꼼하게 제거한다. 허리에 부담을 적게 주도록 신경 쓴다.

걸리기 쉬운 질병

- 추간판 헤르니아(181쪽)
- 백내장(247쪽)
- 슬개골 탈구(195쪽)
- 요로결석증(161쪽) 등

해외의 애견인들에게도 사랑받고 있는 일본 출신의 소박한 개

시바견

특징

옛날 일본에서는 지방마다 특징이 다른 개가 있었는데 산지의 다른 견종끼리 교배해서 태어난 것이 현재의 시바견의 루트라고 한다. 근육질로 골격이 굵은 몸.

성격

반려인에게 충성스럽고 복종심이 있기 때문에 훈련이 쉽다. 대담하고 행동력을 가졌으며 냉정한 판단력이 있다. 헛울음이 적고 관리하기가 쉽다.

케어 방법

반려인에게만 복종하는 면이 있기 때문에 일찍부터 다른 개나 사람에게 익숙해지게 한다. 몸이 튼튼하며 상당한 운동량이 필요하다.

걸리기 쉬운 질병

- 아토피성 피부염(223쪽)
- 슬개골 탈구(195쪽)
- 녹내장(248쪽)
- 갑상선 기능저하증(188쪽)
- 심실 중격 결손증(119쪽) 등

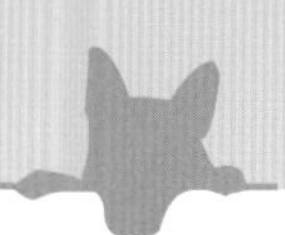

안쓰러운 표정에 위안이 되는 중국 출신의 치유 캐릭터

퍼그

Pug

체고 25cm
체중 6~8kg

특징

큰 두상에 눌린 코, 주름투성이의 얼굴 등 외모가 독특하다. 꼬리털이 감겨 있고 골격은 단단하며 운동량도 풍부하다. 보기보다 피모가 부드럽다.

성격

온화하고 복종심이 있어 훈련시키기 쉽다. 공격적인 면이 없고 헛울음도 거의 없다. 질투심이 강하다고 할 수 있다.

케어 방법

빗질은 간단히 해도 된다. 더위 · 추위에 약하므로 관리에 신경 쓴다. 주름 사이, 눈 · 입 주변을 항상 청결하게 한다. 운동은 매일같이 많이 시킨다.

걸리기 쉬운 질병

- 연구개 과장증(128쪽)
- 기관허탈(129쪽)
- 속눈썹 이상(241쪽)
- 안구 탈출(250쪽)
- 각막염(245쪽) 등

똑똑하면서도 활동적이고 프라이드가 꽤 높은

미니어처 핀셔

특징

독일이나 북유럽에서 작은 해수 구제에 이용하던 중형 견종을 소형으로 개량한 것이다. 새끼사슴을 연상시키는 가냘픈 몸, 독특한 귀, 반짝거리는 눈이 특징이다. 동작은 민첩하다.

성격

반려견 중에서는 기질이 거칠고 공격적이다. 큰 상대에게도 과감하게 맞서고, 갑자기 달려들기도 한다. 반려인에게는 극히 충성스럽다. 깨끗한 것을 좋아한다.

케어 방법

반려인에게만 복종하고 다른 사람에게는 짖거나 무는 경우가 있으므로 철저하게 사람에게 친숙해지는 훈련을 해야 한다. 피모는 짧게 손질하면 편리하다. 운동은 많이 시킨다.

걸리기 쉬운 질병

- 탈구(193쪽)
- 레그 페르테스병(198쪽)
- 백내장(247쪽)
- 당뇨병(187쪽) 등

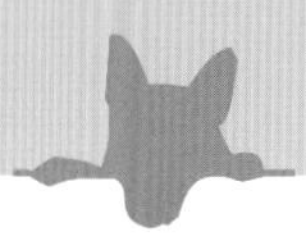

조상은 영국 왕실에서 사랑받던 개, 기품 있는 자태가 '기사'를 연상시키는

카발리아 킹 찰스 스파니엘

체고 28~34㎝
체중 5~8㎏

특징

영국의 찰스 1, 2세가 사랑한 킹 찰스 스파니엘의 개량견. 카발리아란 '중세의 기사'를 의미한다. 몸은 균형이 잘 잡혀 있다.

성격

붙임성이 과할 정도로 사람을 좋아하고, 근본적으로 사교적이다. 온후하고 다정한 성격으로 타인에게 공격적으로 대하는 일이 거의 없다. 머리도 좋아서 훈련시키기 쉽다.

케어 방법

피모 손질은 매일 해준다. 엉키기 쉬우므로 빗질을 할 때 아프지 않게 주의한다. 보기보다 활발하므로 운동은 많이 시킨다.

걸리기 쉬운 질병

- 승모판 폐쇄부전(112쪽)
- 연구개 과장증(128쪽)
- 외이염(252쪽)
- 백내장(247쪽) 등

영리한 두뇌와 파워풀한 운동량을 겸비·인간사회에서 크게 활약하는 작업견

래브라도 리트리버

Labrador Retriever

체고 54~62㎝
체중 25~36㎏

특징

폭이 넓은 두상, 힘센 턱, 골격이 굵고 근육이 발달한 단단한 체형. 부드러운 밑털이 밀집되어 있어 비교적 추위에 강하다. 수영이 특기.

성격

감정이 풍부하고 사람에 대한 애정도 강하다. 머리가 좋아서 훈련에 따라 스스로 판단하고 행동할 줄도 알기 때문에 경찰견이나 맹도견 등의 작업견으로도 적합하다.

케어 방법

회수작업을 잘 하므로 프리스비나 공놀이 등의 운동을 추천한다. 상당한 운동량이 필요하다. 피모는 발수성이 강해서 손질이 간단하다.

걸리기 쉬운 질병

- 고관절 형성부전(197쪽)
- 관절염(200쪽)
- 위염전(141쪽)
- 백내장(247쪽)
- 안검외반(239쪽) 등

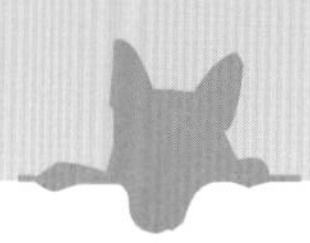

커다란 체구에 어울리지 않게 다정하고 사람을 좋아하는 붙임성 있는 개

골든 리트리버

Cavalier King Charles Spaniel

체고 51~61cm
체중 25~36kg

특징

원래 총에 맞아 떨어진 사냥감을 물속에서 회수(리트리브)하기 위해 일하던 개. 그 때문에 근육이 잘 발달되어 있고 단단하다. 피모가 밀집되어 있고 발수성이 있다.

성격

충성심이 강해서 반려견으로 최적. 사람을 좋아하고 호기심이 강하므로 훈련 중에 산만해지는 경향도 있다. 학습능력이 높기 때문에 잘 훈련시키면 기르기가 편하다.

케어 방법

운동을 하지 못하면 스트레스가 쌓여 문제 행동을 일으키기 쉬우므로 충분히 운동시킨다. 조밀한 피모이므로 통풍을 위해 빗질은 매일 꼼꼼하게 해준다.

걸리기 쉬운 질병

- 고관절 형성부전(197쪽)
- 심근증(114쪽)
- 아토피성 피부염(223쪽)
- 갑상선 기능저하증(188쪽)
- 백내장(247쪽)

매끈한 몸과 민첩한 다리가 장점, 파워풀하게 뛰어다니는 사냥개

잭 러셀 테리어

체고 23~30㎝
체중 5~8㎏

특징

피모에 따라 스무스와 브로큰 2종류가 있다. 여우사냥을 위해 만들어진 개인 만큼 작은 틈에서도 유턴할 수 있을 정도로 관절이 부드럽고 발이 빠르다.

성격

탐색, 모험, 땅굴파기를 쉽게 한다. 모르는 개에게는 공격적으로 대해서 다른 동물과 함께 키우기가 어렵다. 끈기가 강하고 스테미너가 있어 잠시도 가만히 있지 못한다.

케어 방법

매일 상당한 운동량이 필요하다. 멋대로 굴을 파고 들어가지 않도록 철저하게 훈련시켜야 한다. 피모 손질은 간단히. 최대한 커뮤니케이션을 많이 한다.

걸리기 쉬운 질병

- 슬개골 탈구(195쪽)
- 마라세티아 감염증(234쪽)
- 당뇨병(187쪽)
- 백내장(247쪽) 등

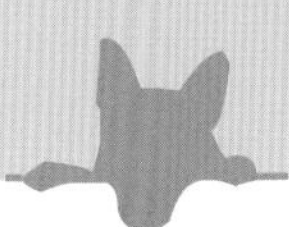

탐험을 좋아하고 붙임성도 좋다. 우호적인 하운드견

비글

Beagle

체고 33~38cm
체중 7~14kg

특징

야생토끼사냥을 하던 수렵견이 조상. 체구는 작지만 몸이 상당히 단단하고 기민하게 움직인다. 커다랗게 늘어진 귀, 팽팽한 꼬리털, 처진 입모양이 특징.

성격

반려인 이외의 다른 사람에게도 우호적이다. 흥미가 있는 것을 쫓아 단독행동을 하기도 하므로 주의가 필요. 불만이나 스트레스가 있으면 낮은 목소리로 짖기도 한다.

케어 방법

커뮤니케이션을 많이 하지 않으면 스트레스를 받는다. 훈련을 철저하게 시켜 단독행동을 예방한다. 매일 충분한 운동이 필요하다. 식욕이 왕성하므로 식사량에 신경 쓴다.

걸리기 쉬운 질병

- 추간판 헤르니아(181쪽)
- 고관절 형성부전(197쪽)
- 녹내장(248쪽) 등

총명한 생김새와 뛰어난 스테미너, 지적호기심이 넘치는 목양견

보더 콜리

Border Collie

체고 46~53cm
체중 14~23kg

특징

골격이 단단하고 지구력과 순발력, 힘을 겸비하고 있다. 피모는 짧은 스무스, 긴 웨이브가 나 있는 러프 2종. 귀 모양도 특징적이다.

성격

반려인에게는 복종하고 총명, 지적호기심이 강하다. 다른 사람이나 개에게는 먼저 커뮤니케이션을 취하지 않지만 공격적이지도 않다.

케어 방법

작업의욕이 있는 개이므로 일을 맡기는 듯한 느낌으로 머리와 몸 양쪽을 사용할 수 있는 운동을 충분히 시키는 것이 좋다. 빗질로 피모를 청결하게.

걸리기 쉬운 질병

- 고관절 형성부전(197쪽)
- 아토피성 피부염(223쪽)
- 백내장(247쪽) 등

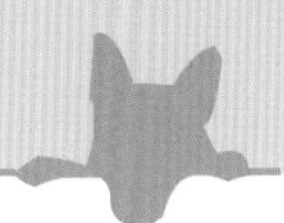

감촉이 좋은 섬세한 웨이브헤어와 크고 늘어진 귀가 트레이드마크

아메리칸 코카 스파니엘

American Cocker Spaniel

체고 36~38cm
체중 12~13kg

특징

수렵견 그룹 중에서는 가장 작다. 작은 체구에 비해 단단하다. 힘차고 경쾌한 걸음걸이. 비단결처럼 아름답고 긴 피모와 크고 위치가 낮은 늘어진 귀가 특징.

성격

태평하고 사람을 잘 따르고 활발하다. 감수성이 풍부하고 머리가 좋아서 반려인의 기대에 부응하려고 한다. 훈련시키기도 쉽지만 어리광을 받아주면 제멋대로 된다.

케어 방법

피모는 엉키기 쉬우므로 꼼꼼하게 빗질한다. 눈이나 귀, 피모가 덮고 있는 다리 등은 자주 체크하여 청결하게 해준다.

걸리기 쉬운 질병

- 안검내반(239쪽)
- 백내장(247쪽)
- 갑상선 기능저하증(188쪽)
- 외이염(252쪽) 등

장점만 취해서 튼튼하고 키우기 쉬운 하프견. 얼굴도 모양도 개성만점

믹스견

부모견의 특성에
따라 사이즈는 제각각

특징

한쪽의 특성이 강하게 나타나는 경우와 양쪽의 특성이 반씩 나타나는 경우가 있다. '잡종강세'여서 부모가 가진 마이너스적인 면은 사라지고 몸이 튼튼해지는 경향이 있다.

성격

두 견종의 성격이 믹스되기 때문에 부모의 성격을 반씩 물려받는다. 나타나는 특징 자체는 순종보다 약한 경향이 있다.

케어 방법

부모와 같은 견종의 케어 또는 크기, 골격, 피모의 길이나 질 등 특징이 비슷한 견종을 찾아서 케어한다. 스킨십도 잊어서는 안 된다.

걸리기 쉬운 질병

- 부모 중 특징을 강하게 물려받은 것으로 보이는 견종이 잘 걸리는 질병에 특히 주의한다. 만약을 위해 다른 쪽 부모가 주의해야 할 질병도 확인해두자.

질병이 의심되는 증례 차트

증상 체크로 알 수 있는 질병

긴급한 증상 일람표

이런 증상이 나타나면 빨리 병원으로!

차트 중에서 긴급을 요하는 증례를 뽑아보았다.
이런 증상이 나타날 때에는 망설이지 말고 한시라도 빨리 병원으로 데려가자.

HELP!

몇 차례 심하게 토했다!
··· 36p

심한 설사나 혈변을 했다!
··· 38p

배가 급격하게 부어올랐다!
··· 44p

소변이 전혀 나오지 않는다!
··· 48p

열이 41℃를 넘는다!
··· 50p

피부나 점막이 노랗다!
··· 52p

눈이 앞으로 튀어 나와 있다!
··· 54p

눈이 매우 아파 보이고 보이지 않는 것 같다!
··· 54p

고개를 기울인 채 있다. 얼굴이 마비되어 있다!
··· 56p

코피가 많이 나고 멈추지 않는다!
··· 58p

호흡이 이상하고 입술과 혀가 보라색이나 하얗다!
··· 62p

호흡이 이상하고 경련을 하거나 떨고 있다!
··· 62p

※ 여기에 실린 증례는 긴급을 요하는 증상의 일례이다. 모든 것을 망라한 것이 아니므로 반려견의 상태가 이상하고 중대한 질병으로 판단될 때에는 즉시 수의사의 지시를 따를 것!

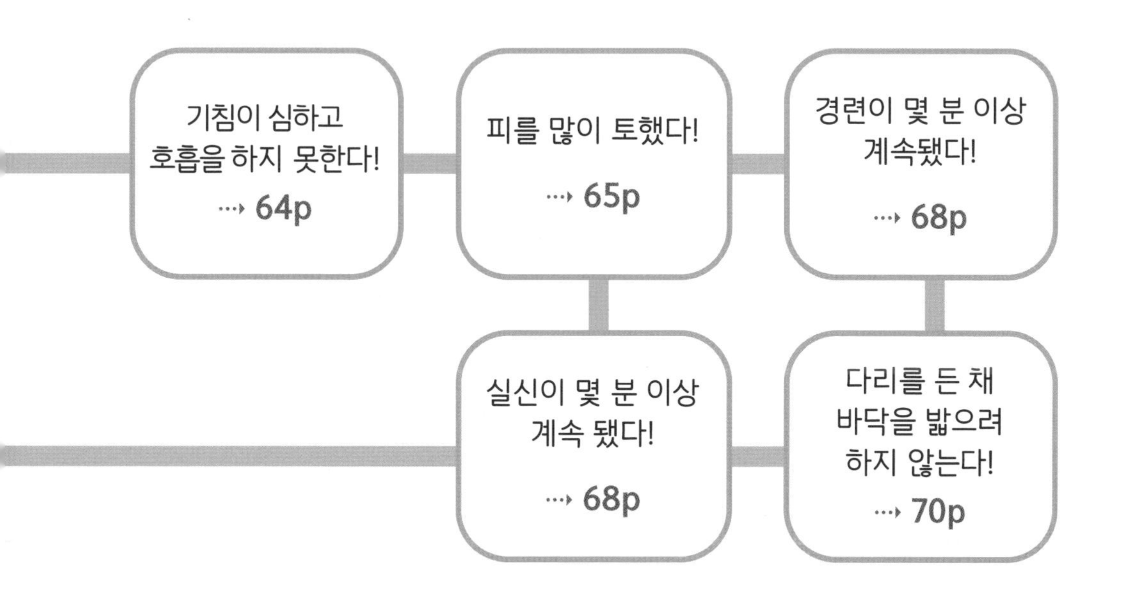

증상 체크

증례 차트

증례 차트는 개의 질병을 증상별로 나누어 고려할 수 있는 주요 질병과 대응, 관찰 포인트를 정리한 것이다.

반려견의 상태가 평소와 다를 때 도움이 되었으면 한다. 질병은 무엇보다 조기발견이 중요하므로 평소 관찰할 때의 체크 포인트로 참고하도록 한다.

'긴급히 병원으로'에 들어맞는 증상이 나타나는 경우에는 중대한 질병일 가능성이 있다. 한시라도 빨리 병원에 연락해서 수의사의 지시를 따르도록 한다.

주의

◎ 모든 증례와 질병이 망라되어 있는 것이 아니다. 또 증상의 경중에 따라 대처가 달라지는 경우도 있으므로 어디까지나 판단 기준이다.

H.E.L.P!

식욕이 없다

식욕은 건강의 바로미터! 식욕이 떨어지면 기운도 없어진다.
극단적으로 식욕이 없다면 병을 의심해보아야 한다.

✚ 증상		✚ 유추할 수 있는 질병
갑자기 식욕이 없다.	설사나 구토를 동반한다.	• 렙토스피라 감염증 212쪽 • 파보바이러스 감염증 207쪽 • 장폐색 145쪽 • 중독 212쪽
	물을 자주 마신다.	• 급성 간염 146쪽 • 췌(장)염 147쪽 • 급성 신부전 153쪽 • 방광염 160쪽 • 자궁축농증 163쪽
	더운 여름에 밀폐된 방이나 외부에 있어서 축 늘어져 있다.	• 열사병 285쪽
	냄새를 맡는 등 먹으려고는 하는데 식욕이 없다.	• 구내염 261쪽 • 치주 질환 256쪽 • 비염 124쪽 • 구강 종양 262쪽 • 턱의 상처
서서히 식욕이 사라지고 기운도 없다		• 방광염 160쪽 • 급성 신부전 153쪽 • 구강 종양 262쪽 • 회충증 215쪽
식욕저하 외에 별 다른 증상은 없다		• 정신적인 스트레스 • 식단의 변화

✚ 대처

문제점을
개선하고 상태를
지켜본다

· 관찰 포인트

갑자기 먹지 않게 될 때에는 다른 증상이 없는지 자세히 관찰해보자. 설사를 하거나 토하는 경우에는 위장 등 소화기 쪽 질병이나 바이러스 감염을, 물을 자주 마신다면 신부전증이나 자궁축농증을 의심해볼 수 있다.

식욕이 전혀 없다면 중증의 질병에 걸렸을 가능성이 있으니 가능한 빨리 진찰을 받도록 한다.

또 음식 냄새를 맡는 등 식욕은 있어 보이는데 입안이나 턱 등에 통증이 있어서 못 먹는 경우도 있다. 이 경우에는 입이나 목의 염증, 상처 등이 원인이다.

질병은 아니지만 개에 따라서는 환경이 변하거나 가족과 헤어지는 등 정신적인 스트레스나 식사 내용이 바뀐 것 등의 원인 때문에 먹지 않는 경우도 있고, 발정기로 호르몬 균형이 무너지거나 여름철 무더위 등의 영향으로 식욕이 감퇴하는 경우도 있다.

꼬박 하루 동안 아무것도 먹지 않았거나 서서히 식욕이 떨어질 때에는 수의사에게 상담하는 것이 좋다.

H.E.L.P!

토한다

사람에 비해 개는 토하는 일이 잦고 건강에 문제가 없는 경우도 있지만,
토한 내용물이나 상태를 잘 보고 판단해야 한다.

<table>
<tr><th colspan="2">✚ 증상</th><th>✚ 유추할 수 있는 질병</th></tr>
<tr><td rowspan="2">반복적으로 토한다</td><td>암컷의 배가 부어 있고, 음부에서 고름이 나오는 등의 증상을 동반한다.</td><td>• 자궁축농증 163쪽</td></tr>
<tr><td>·설사나 혈변을 동반한다
·하루에 몇 차례씩 토한다</td><td rowspan="2">• 파보바이러스 감염증 207쪽
• 렙토스피라 감염증 212쪽
• 급성 위염 139쪽
• 만성 위염 140쪽
• 췌(장)염 147쪽
• 출혈성 위장염 142쪽
• 장폐색 145쪽
• 급성 간염 146쪽
• 급성 신부전 153쪽
• 요독증 156쪽
• 중독 222쪽</td></tr>
<tr><td>식후에 토한다</td><td>·토한 내용물이 노랗다.
·토한 내용물에 피가 섞여 있다.</td></tr>
<tr><td colspan="2">식사 직후에 심하게 자주 토한다</td><td>• 거대 식도증 136쪽
• 식도 내 이물 138쪽</td></tr>
<tr><td colspan="2">토하려는 기색이 있고, 입을 핥거나 침을 흘린다</td><td>• 식도나 위의 운동저하, 십이지장의 운동항진(아래의 해설 참조)
• 급성 간염 146쪽</td></tr>
<tr><td colspan="2">한 번 토했지만 다른 증상 없이 건강</td><td></td></tr>
</table>

✚ 대처

· **관찰 포인트**

너무 많이 먹어서 토하거나 어미가 새끼에게 이유식으로 주려고 토하는 등 개가 토하는 것은 사람과 비교했을 때 드문 일이 아니다. 토한 뒤에 기운과 식욕이 있고, 구토를 반복하지 않는다면 걱정할 필요는 없다.

하지만 식욕이 없어졌거나 연속적으로 토하거나 했을 때에는 질병일 가능성이 있으므로, 토사물이나 개의 상태를 잘 관찰하도록 한다. 설사를 동반한다, 토사물에 피가 섞여 있거나 노란색을 띠고 있는 등의 이상이 있다면 긴급하게 병원으로 데려가야 한다.

구토 외에 이물에 의해 식도가 막혀 있는 등의 이상이 있을 때 음식물을 목으로 통과시키지 못하고 토해내는 경우가 있는데 이것을 토출이라고 한다. 이 경우는 식사 직후에 분사하듯이 기운차게 토해낸다.

토할 것처럼 구는데 토해내지 못하는 경우에는 위나 식도의 움직임이 둔해져 있거나 십이지장의 소화액이 위에 역류하여 구토를 재촉하는 경우로 볼 수 있다.

설사를 한다

급성으로 심한 설사 증상이 나타나면 급속하게 악화되어 사망에 이르는 경우도 적지 않다. 변의 변화에는 민감해지자.

증상		유추할 수 있는 질병
심한 설사를 반복한다	·혈변이 나온다. ·구토를 동반한다 ·급격하게 마른다 ·배를 아파한다	• 파보바이러스 감염증 207쪽 • 코로나바이러스 감염증 210쪽 • 홍역 205쪽 • 출혈성 위장염 142쪽 • 췌(장)염 147쪽 • 대장염 143쪽 • 소화관 내 기생충 215쪽 (회충증, 편충증, 콕시듐증 등) • 중독 222쪽
설사나 무른 변이 만성적으로 계속된다	·일부에 피가 섞여 있다 ·마른다 ·변에 벌레가 있다	• 대장염 143쪽 • 췌(장)염 147쪽 • 췌외분비부전 148쪽 • 소화기 종양 152쪽 • 소화관 내 기생충 215쪽 (조충증, 편모충증 등) • 장폐색 145쪽
1~2회 설사를 했다	건강하고 식욕도 있다	• 식단의 변화 • 과식 • 기름진 식단

+ 대처

빨리
병원으로

문제점을
개선하고 상태를
지켜본다

· 관찰 포인트

변의 상태 변화는 반려인도 알아차리기 쉽고 개의 컨디션을 잘 나타내는 대상이다. 매일 잘 관찰해서 이상이 있다면 일찌감치 대처하자.

설사 중에는 진행이 빨라서 특히 체력이 없는 새끼 강아지나 노견이 걸리면 며칠 내로 사망에 이르는 경우도 있다. 심한 설사를 반복하거나 혈변이나 구토 등의 증상을 동반하는 경우나 꼼짝도 못하거나 배를 만지면 싫어하는 등 배가 아파 보이는 경우에는 심한 질병일 수 있으니 긴급히 병원에 데려가야 한다.

질병의 원인은 다양하지만 기생충이나 바이러스, 세균 등의 감염이나 위나 장 등 소화기의 질병이 대부분이다.

급성이 아니라고 해도 설사나 변이 부드러운 상태가 끈질기게 며칠씩 계속되는 경우에는 어떤 질병에 걸려 있는 것으로 짐작할 수 있다. 금방 사망하지는 않지만 서서히 체력을 잃고 차츰 쇠약해진다. 고작 설사라고 우습게 생각하지 말고 가능한 빨리 진찰받는 것이 중요하다.

H.E.L.P!

변비를 보인다

개에게는 사람만큼 변비가 흔하지 않지만 질병이 원인이 되는 경우가 있는데, 이틀 이상 계속될 때에는 주의가 필요하다.

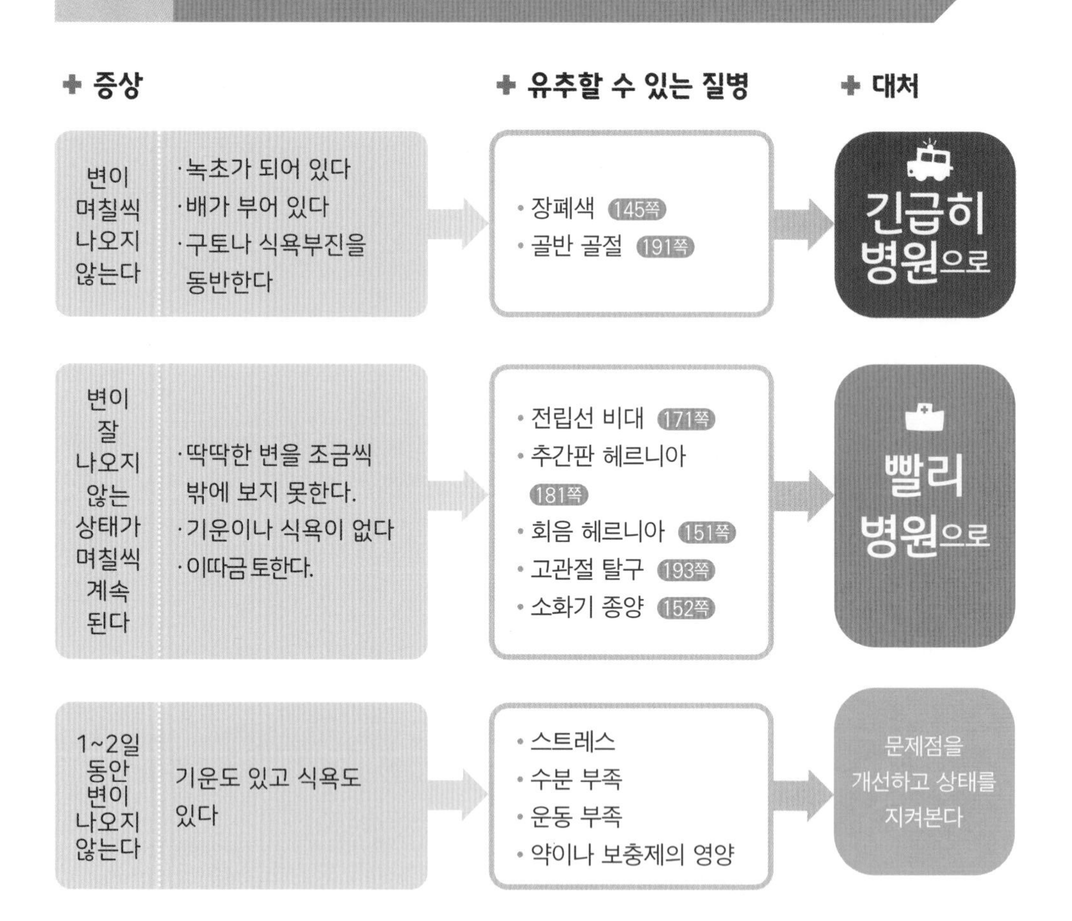

· 관찰 포인트

며칠이나 변비가 계속되고 장에 가스가 차면 극심한 통증이 발생할 수 있다. 녹초가 되어 있거나 배가 빵빵하게 부풀어 있을 때에는 긴급히 진찰받게 한다. 변의 횟수는 하루에 1~3회 정도가 정상이다. 1~2일 정도의 단순한 변비라면 크게 걱정하지 않아도 되지만 오래 계속되면 내장에 병이 생길 수 있으니 방치하지 않도록 주의한다.

먹는 양, 횟수가 증가한다

성장기나 임신 중에 식사량이 증가하는 것은 정상이지만,
이따금 질병이 원인이 되어 식욕이 증가하기도 한다.

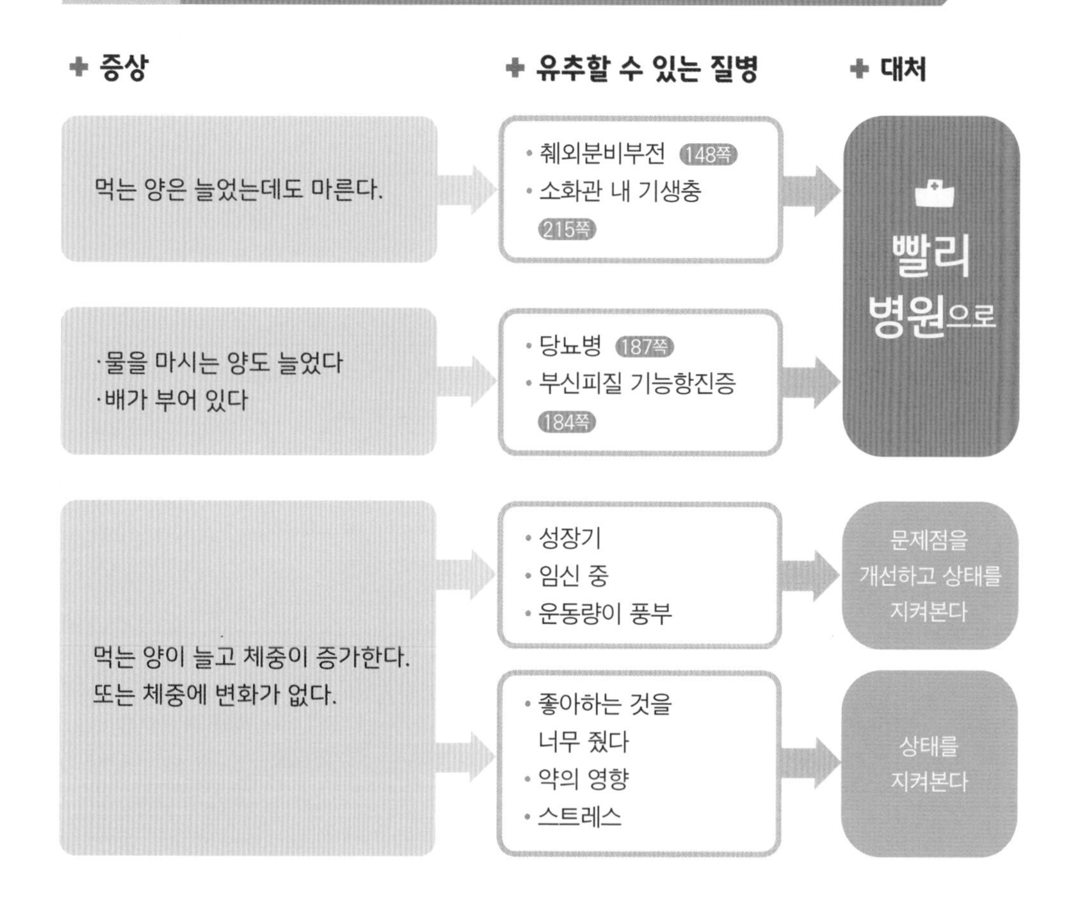

· 관찰 포인트

장 등의 소화관 내에 기생충이 있거나 췌장에 이상이 있으면 영양이 흡수되지 못하고 항상 공복상태여서 잘 먹는데도 살이 찌지 않고 마른다. 호르몬의 균형이 무너진 경우에도 자주 먹는데 이 경우에는 물도 자주 마시게 된다.

또 먹는 양이 많기 때문에 비만이 되면 다른 질병의 원인이 되는 경우가 많으므로 식사관리에 신경 써야 한다.

H.E.L.P!

마른다

여름에 더위나 노화 등으로 마르는 일도 있지만, 갑자기 심하게 말랐을 때에는 질병이 잠복해 있는 경우가 많으므로 주의해야 한다.

✚ 증상	✚ 유추할 수 있는 질병
설사나 구토를 동반한다	• 소화기 질환 136쪽 • 소화관 내 기생충 215쪽
먹는데도 마른다	• 흡수불량증후군 144쪽 • 소화관 내 기생충 215쪽 • 당뇨병 187쪽 • 부신피질 기능저하증 186쪽
물을 많이 마시고, 소변량이 증가했다	• 당뇨병 187쪽 • 부신피질 기능저하증 186쪽
말랐는데도 배가 불룩하다	• 부신피질 기능저하증 186쪽 • 소화기 종양 152쪽
기침을 하고 호흡에 이상이 있다	• 심장사상충증 115쪽 • 승모판 폐쇄부전 112쪽
먹지를 못하고 마른다	• 구내염 261쪽 • 치주 질환 256쪽
질병이 아닌데 마른다	• 스트레스 • 더위 • 고령

+ 대처

· 관찰 포인트

갑자기 마를 때에는 소화기나 심장, 신장, 내분비 등의 질병을 의심해볼 수 있다. 먹는데도 마르는 이유는 영양을 흡수하지 못하거나 대사이상이 일어나기 때문이다. 다양한 증상을 동반하므로 잘 관찰해야 한다. 특히 설사나 구토를 동반할 때나 호흡에 이상이 있거나 기침이 나오는 경우에는 빨리 진찰받게 한다.

또 입이나 목 등에 이물이 있어 밥을 먹으면 통증이 있어서 마르는 경우도 있다. 구내염이나 치주 질환 등이 원인이 되므로 그 치료들을 해야 한다. 입 안의 질병은 발견하기 쉬우므로 건강할 때에도 가끔 입안을 들여다보는 습관을 갖는다.

서서히 말라가는 경우에는 반려인도 좀처럼 깨닫지 못하기도 한다. 키우는 개가 건강할 때의 체중을 파악해두고, 주기적으로 체중을 측정하는 것이 좋다. 체중 증감은 건강 상태의 바로미터이다. 장기에 걸친 체중감소에는 질병의 영향을 생각해볼 수 있으므로 일단 진료를 받아볼 필요가 있다.

H.E.L.P!

배가 부어오른다

내장 자체가 부어 있거나 체액이 고여 붓는(복수) 등
배가 부어오를 때가 있다.

증상		유추할 수 있는 질병
단시간에 급격하게 배가 붓는다	호흡곤란이 있고 토하는 동작을 반복한다.	• 위확장, 위염전 141쪽
하복부가 붓는다	암컷이고 호흡이 거칠거나 토한다.	• 자궁축농증 163쪽
	소변이 나오지 않는다. 소변보기를 힘들어 한다.	• 요로결석증 161쪽
1~2회 설사를 했다. 건강하고 식욕도 있다		• 폐동맥 협착증 118쪽 • 심실 중격 결손증 119쪽 • 심근증 114쪽 • 심장사상충증 115쪽 • 만성 간염 146쪽 • 소화관 내 기생충 (회충증, 조충증, 편모충증 등) 215쪽
탈모를 동반한다		• 부신피질 기능항진증 184쪽
배 일부가 붓는다		• 소화기 종양 152쪽
다른 증상이 없다		• 과식 • 비만 • 임신

+ 대처

문제점을
개선하고 상태를
지켜본다

· 관찰 포인트

특히 긴급을 요하는 중대한 질병으로는 위가 팽창하거나 꼬인 위확장, 위염전이 있는데 호흡곤란을 일으켜 쇼크사하는 경우도 많다. 토하는 듯한 행동을 반복하고 배의 왼쪽이 급격하게 부어오를 수 있다. 또 하복부가 부어 있을 때에는 배뇨장애로 방광이 꽉 차서 파열 직전에 있거나 암컷의 경우에는 자궁에 고름이 쌓이는 자궁축농증일 수도 있다. 전부 다 한시라도 빠른 처치가 필요하다.

배에 서서히 체액이 쌓이는 복수의 원인으로는 심장이나 간장 등의 질병을 생각할 수 있다. 복수가 차다 보면 폐를 압박해서 호흡이 거칠어진다. 그 밖에 내분비 질병 때문에 배의 근육이 느슨해져 붓는 경우도 있다.

붓기는 천천히 진행되는 경우가 많은데다 단순한 비만과 구별하기도 어렵고, 극단적인 식욕 저하나 기운 저하가 일어나지 않는 경우도 있다. 평소 몸의 미묘한 변화에 신경쓰도록 하자. 이상을 눈치챘을 때에는 빨리 수의사에게 진찰받는 것이 중요하다.

붓는다

피부 아래에 수분이 쌓여 종기처럼 되는 것이 부종이다. 전신 부종의 경우에는 중대한 질병에 원인이 있을 수 있다.

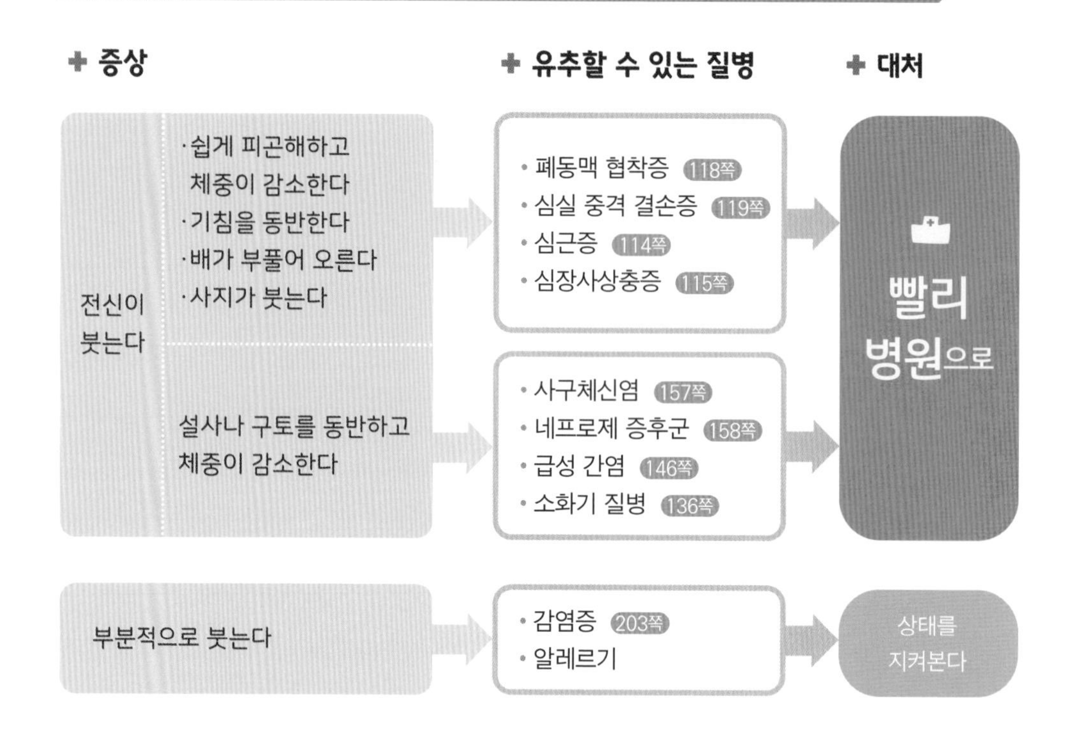

· 관찰 포인트

부은 것처럼 보이면서도 통증은 없고, 손으로 눌러도 원래대로 잘 돌아가지 않는 것이 부종이다. 전신이나 사지에 부종이 보이는 경우에는 심장이나 신장, 간장, 소화기 등에 이상이 있어 발생하는 경우가 있으므로 다른 증상이 보이지 않는지 잘 관찰하고 빨리 진단을 받도록 한다. 얼굴 등의 부분적인 부종은 알레르기 등이 원인이다.

H.E.L.P!

먹는 양, 횟수가 증가한다

성장기나 임신 중에 식사량이 증가하는 것은 정상이지만,
이따금 질병이 원인이 되어 식욕이 증가하기도 한다.

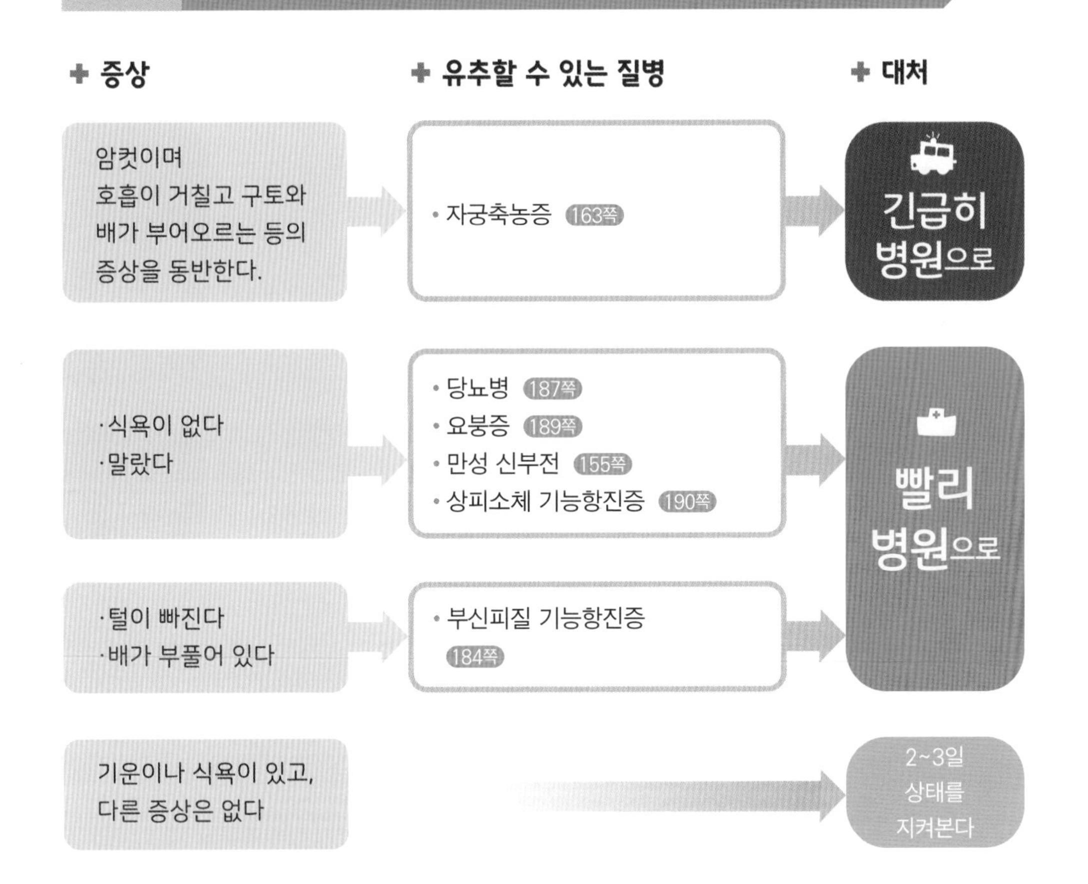

· 관찰 포인트

통상 1일 음수량은 체중 10kg당 400~600㎖ 정도이다. 이것이 배 이상이 되면 확연히 이상한 상태로, 신장이나 내분비의 질병이 의심된다. 소변량도 많아지기 때문에 색이 흐려진다. 또 암컷의 경우에는 자궁축농증일 수도 있다. 긴급을 요하는 질병이므로 들어맞는 증상이 보인다면 당장 병원으로 데려간다!

H.E.L.P!

소변이 나오지 않는다, 보기 힘들어 한다

배뇨 자세를 취하는데도 조금씩밖에 나오지 않거나, 전혀 나오지 않는 상태가 계속될 때에는 조급한 치료가 시급하다.

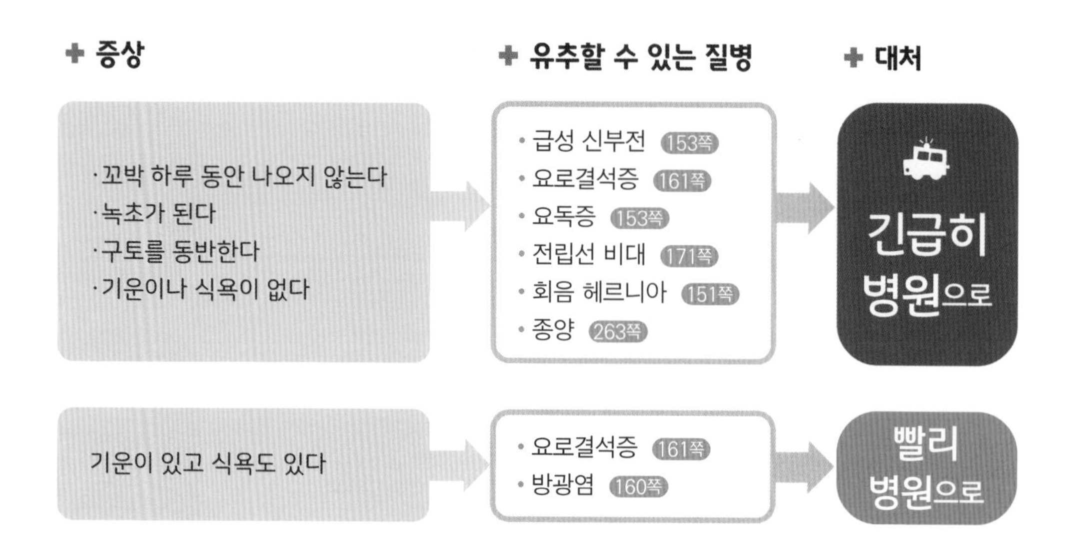

· 관찰 포인트

방광이나 요도에 결석이나 종양이 생겨서 소변을 보기 힘들거나 완전히 막혀서 나오지 않는 경우가 있다. 또 부근의 장기에 이상이 있어 소변이 통과하는 길을 압박하면서 발생하기도 한다. 어느 쪽이든 꼬박 하루 동안 소변이 나오지 않는다면 매우 위험한 상태이므로 한시라도 빨리 병원으로 데려가야 한다. 소변을 채취할 수 있다면 지참하는 것이 좋다.

소변 색이 이상하다

소변 색이 빨갛거나 진해지는 이상이 있다면
어떤 질병을 의심해야 한다.

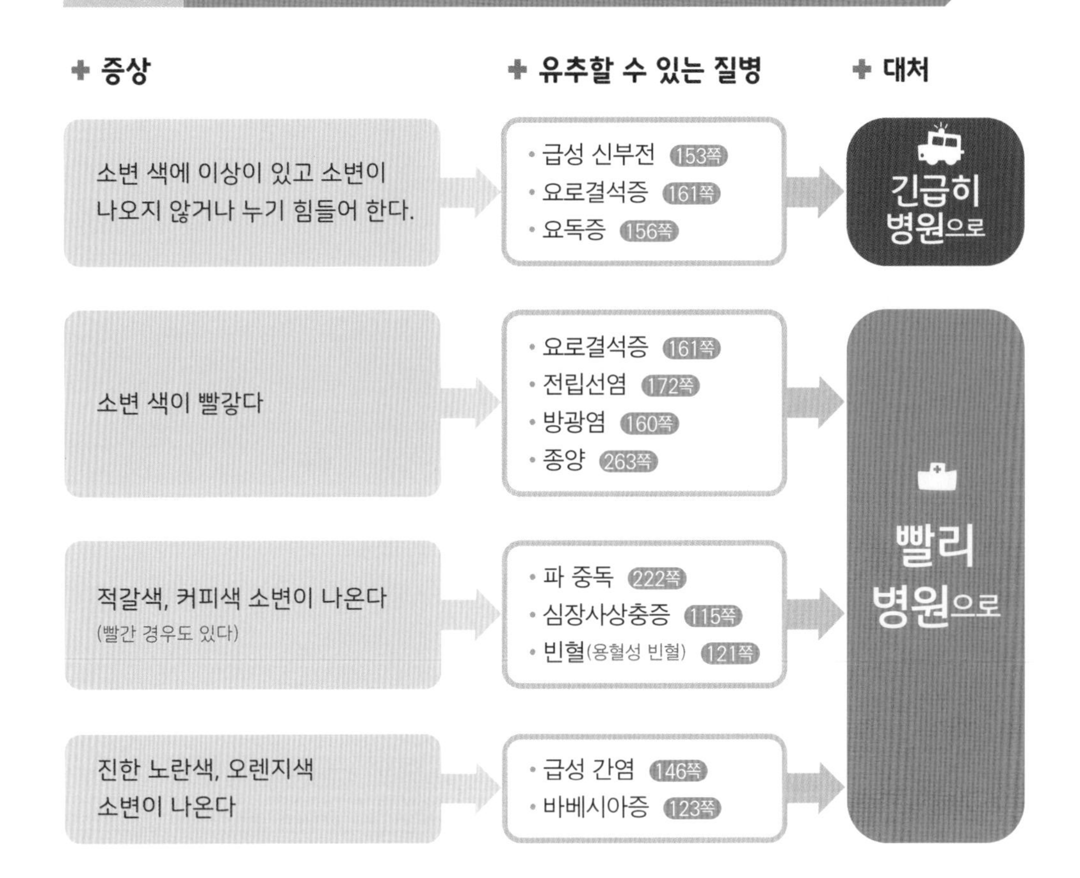

· 관찰 포인트

소변 색이 이상해지는 것은 적혈구가 섞여 빨개지는 경우, 헤모글로빈이 섞여 적갈색이나 빨갛게 되는 경우, 빌리루빈이 섞여 오렌지색이 되는 경우 등이 있다. 각각 원인은 다르지만 중대한 질병도 포함되므로 평소 소변 색을 관찰하여 이상이 발견된다면 빨리 진찰을 받는다. 특히 배뇨장애는 긴급을 요하는 사안이다.

열이 있다

건강한 개라고 해도 운동을 하거나 흥분했을 때에는 열이 난다.
하지만 질병으로 발열했을 때에는 주의가 필요하다

+ 증상

이상한 고열(41℃ 이상)

열 외에도 심각한 증상을 동반한다	·경련이나 의식장애를 일으킨다 ·호흡이 이상하다 ·축 늘어져 있다 ·변이나 소변을 실례한다

미열이 있다	·기운이나 식욕이 없다 ·설사나 구토를 동반한다

일시적인 발열	·운동 중 ·흥분해 있다

+ 유추할 수 있는 질병

- 열사병 285쪽
- 감염증(홍역, 켄넬코프 등) 205쪽
- 호흡기 질환(기관지염, 폐렴 등) 124쪽
- 소화기 질환 136쪽
- 자궁축농증 163쪽
- 중독 222쪽
- 종양 263쪽
- 내이염 255쪽
- 중이염 254쪽
- 관절염 200쪽
- 자기면역에 의한 피부병 235쪽

✚ 대처

즉시 몸을 식히고 긴급히 병원으로

빨리 병원으로

상태를 지켜본다

· 관찰 포인트

개는 사람보다 체온이 높아서 평열이 37.5~39℃ 정도이다. 체온은 사소한 스트레스에도 오르내리고, 운동이나 흥분을 해도 올라간다. 질병 때문에 발열하는 경우에도 원인은 감염증, 호흡기의 질병이나 중독 등 다양하기 때문에 그 외의 증상으로 원인을 간파하는 것이 중요하다. 식욕이나 변 상태, 호흡 등 개의 상태를 잘 관찰하도록 한다.

41℃를 넘는 고열이 나면 매우 위험한 상태이기 때문에 쇼크 상태를 일으킬 수도 있다. 무더운 여름에 염천하나 꽉 막힌 실내 등에서 열사병에 걸렸을 때에는 샤워기로 물을 뿌려주거나 냉수를 뿌려주어 열을 내린다. 그 외의 질병으로 발열했을 때에는 냉수를 뿌리면 악화될 수 있으므로 목이나 겨드랑이 아래 등에만 찬 수건 등을 대준다. 어느 쪽이든 긴급하게 병원으로 데려와야 한다.

만져서 열이 난다고 느꼈을 때에는 체온을 자주 재도록 한다. 언제부터 발열했는지, 갑자기 열이 났는지 등을 관찰한다.

H.E.L.P.!

피부가 이상하다

피부병에 걸리면 가려움이나 습진이 생기거나 냄새가 난다.
다른 질병 때문에 피부색이 변색되기도 한다.

✚ 증상	✚ 유추할 수 있는 질병
피부가 노랗다(황달)	• 급성 간염 146쪽 • 중독 222쪽 • 빈혈(용혈성 빈혈) 121쪽
다치지 않았는데 보라색 멍이 들었다	• 혈소판 감소증 122쪽
이상한 냄새가 난다	• 피부 감염증(농피증, 피부사상균증 등) 229쪽 • 피부 괴사나 화농
멍울이 있다	• 피부 종양 237쪽 • 유선 종양 168쪽
·붉은 기가 있다 ·습진이 나타난다 ·가려워한다 ·비듬이 많다	• 알레르기성 피부병 223쪽 (아토피성 피부염, 벼룩알레르기성 피부염 등) • 내분비 질병 184쪽 (부신피질 기능항진증, 갑상선 기능저하증 등) • 피부 감염증(개선증, 모낭충증 등) 229쪽 • 자기면역에 의한 피부병 235쪽
벼룩이나 진드기가 있다	

+ 대처

빨리 병원으로

구충 후 상태를 지켜본다

· 관찰 포인트

개의 피부는 털로 덮여 있기 때문에 이상을 발견하기가 쉽지 않다. 평소 빗질 등을 할 때 털을 고르며 피부상태를 확인하도록 한다.

알레르기나 세균감염 등의 피부병에 걸린 경우에는 피부색이 붉은 기를 띠지만, 간장 질병이나 중독 때문에 노랗게 변하는 경우도 있다. 이것을 황달이라고 하는데, 점막도 노랗게 되므로 눈 흰자나 잇몸 등을 확인한다. 또 다친 것도 아닌데 보라색 출혈반이 생긴 경우에는 출혈 시 피를 멎게 하는 역할을 하는 혈소판이 감소한 것으로 보인다. 어느 쪽이든 시급하게 진단을 받아야 한다.

피부병에 걸려 가려움이 생기면 개는 자주 몸을 핥거나 물거나 바닥 등에 비벼대는데, 그래서 염증이 더 악화되고 피부가 짓무르거나 화농화되는 경우가 많으므로 조기에 발견해서 빨리 치료하는 것이 중요하다. 피부병 약은 다양한 종류가 있다. 원인에 따라 사용하는 약이 다르므로 반드시 사용 전에 수의사의 지시를 받는다.

H.E.L.P!

눈이 이상하다

눈병은 가려움이나 통증만 동반하는 것이 아니라 심한 경우
시력에도 영향을 미친다. 뇌나 신경질환이 눈에 발현되는 경우도 있다.

✚ 증상	✚ 유추할 수 있는 질병
·눈의 이상 외에도 경련발작 등의 증상이 있다 ·안구가 끊임없이 떨린다 ·동공이 열린 상태이다, 좌우대칭이 맞지 않는다	• 녹내장 248쪽 • 전정장애 177쪽 • 뇌나 신경장애
·눈을 심하게 아파한다 (자주 깜빡인다, 눈을 가늘게 뜬다) ·눈이 보이지 않는다	• 백내장 247쪽 • 각막염 245쪽 • 포도막염 246쪽 • 망막박리 249쪽 • 녹내장 248쪽 • 눈의 상처, 이물질
눈이 앞으로 튀어나와 있다	• 녹내장 248쪽 • 안구 탈출 250쪽
렌즈가 하얗고 뿌옇다	• 백내장 247쪽 • 당뇨병 187쪽
·끈적거리는 눈곱이 다량으로 나온다 ·눈이 빨개진다 ·눈물이 많이 나온다 ·눈을 가려워하거나 통증이 있다	• 결막염 244쪽 • 각막염 245쪽 • 포도막염 246쪽 • 유루증 242쪽 • 체리아이 243쪽 • 홍역 205쪽 • 안검내반, 외반 239쪽 • 속눈썹 이상 241쪽 • 알레르기
눈곱이 조금씩 나온다	

✚ 대처

· **관찰 포인트**

눈의 질병은 종류가 매우 다양한 만큼 눈곱이나 눈물의 양, 눈의 색깔 등 어떤 증상이 나타나는지 잘 관찰하도록 한다. 눈이 가려워지면 개는 발로 눈을 긁거나 뭔가에 비벼대려고 하기 때문에 더 악화되는 경우가 많다. 가려움증의 경우에는 결막염이나 알레르기일 확률이 높지만 각막염이나 포도막염, 녹내장 등에 걸리면 가려움증을 넘어선 통증을 느끼게 된다. 이때는 눈을 자주 깜빡이거나 눈부신 듯이 눈을 가늘게 뜨는 등의 행동을 한다.

렌즈인 수정체가 하얗게 뿌옇게 될 때에는 백내장이나 당뇨병이 의심되며 그 경우 시력장애로 이어진다. 또 안구가 끊임없이 떨리거나 동공이 반응하지 않는 등의 이상이 있을 때에는 뇌나 신경 질환의 영향을 생각해볼 수 있으므로 서둘러 진단을 받아야 한다.

눈에 먼지 등의 이물질이 들어갔을 때 억지로 끄집어내면 각막 등이 손상될 우려가 있으므로 병원으로 데려가서 치료받는 것이 좋다.

귀가 이상하다

귀에 가려움증이 생기면 개는 귀를 비벼대거나 머리를 부딪친다.
외이염은 개에게 매우 흔한 질병이다.

증상		유추할 수 있는 질병
귀가 들리지 않는다	·얼굴이 마비되거나 머리를 기우뚱하고 있다 ·안구가 끊임없이 떨린다	• 내이염 255쪽 • 중이염 254쪽 • 전정장애 177쪽 • 종양 263쪽
귓속에서 피가 난다		• 종양 263쪽
귀를 가려워 한다, 아파한다, 머리를 흔든다	·귀에서 냄새가 난다 ·고름 같은 분비물이 나온다 ·귓속이 부어 있다	• 외이염 252쪽 • 중이염 254쪽 • 개선충증 232쪽 • 마라세티아 감염증 234쪽
	검은 귀지가 다량으로 나온다	• 개선충증 232쪽 • 마라세티아 감염증 234쪽
	귀 덮개가 부어 있다	• 이혈종 251쪽
귀가 더럽다		

✚ 대처

귀청소를 해주고
상태를 지켜본다

· 관찰 포인트

귀의 냄새나 귀지 등을 항상 체크한다. 정상적인 개의 귀는 깨끗한 상태로 유지되고 있기 때문에 더러워 보이지 않는다. 특히 귀가 크고 늘어져 있거나 귀속까지 털이 덮여 있는 개는 귓병에 걸리기 쉬우므로 평소 귀청소를 중요하게 여겨야 한다. 또 귀도 피부의 일부이므로 알레르기성 피부염을 일으키기 쉬운 개는 주의해야 한다.

개가 귀를 뭔가에 비벼대거나 머리를 흔들고 있을 때에는 귓속이나 귓바퀴를 잘 관찰하도록 한다. 빨갛게 부었거나 고름 같은 귀지가 나오거나 하는 경우에는 외이염이 의심된다.

외이염을 방치하면 더 안쪽인 중이염, 내이염으로 진행되므로 이상을 발견했다면 빨리 치료받는 것이 중요하다. 중이나 내이의 질병이 악화되면 귀가 들리지 않게 되어 소리에 반응하지 않으며, 안면마비나 고개가 갸우뚱하게 기울어져 있는 등의 신경증상을 보이기도 한다. 평소 이름을 부를 때의 반응에 이상이 없는지 체크하도록 한다.

H.E.L.P.!

코가 이상하다

코의 이상에는 콧물이나 재채기 외에 코피, 코골이 등이 있다.
증상이 나타나면 잘 관찰하도록 한다.

증상		유추할 수 있는 질병
코피가 난다	·좀처럼 멈추지 않는다 ·대량으로 난다	• 폐수종 132쪽 • 혈소판 감소증 122쪽 • 비염 124쪽 • 부비강염 126쪽 • 종양 263쪽 • 상처
콧물, 재채기가 난다	새끼이고 열이나 기침, 눈곱 등을 동반한다	• 홍역 205쪽
	·열이 있다 ·콧물이 끈적인다 ·물 같은 콧물이 나온다 ·콧물에 피가 섞여 있다	• 켄넬코프 209쪽 • 비염 124쪽 • 부비강염 126쪽 • 종양 263쪽 • 콧속이 건조하거나 이물질
	일시적인 재채기로 기운이나 식욕이 없다	
코를 곤다	호흡곤란을 동반한다	• 연구개 과장증 128쪽 • 종양 263쪽
	일상생활에 지장이 있다	

+ 대처

상태를 지켜본다

긴급히 병원으로

상태를 지켜본다

· 관찰 포인트

물처럼 줄줄 흐르는 콧물은 비교적 중증인 경우가 적다고 할 수 있다. 하지만 비염이 장기화되면 만성화되거나 부비강염 등으로 진행되어 치료가 잘 되지 않게 된다. 코에 식물 종류 등이 들어가서 콧물이나 재채기가 계속되기도 한다.

콧물이 끈적이거나 피가 섞여 있다면 감염증이나 종양 등을 생각해볼 수 있는데 치유될 때까지 시간이 걸린다. 새끼에게 고름 같은 콧물이 흐르고 기침이나 열을 동반하는 경우는 홍역에 걸렸을 수도 있다. 사망률이 높은 무서운 질병이므로 당장 병원에 데려가도록 한다.

코피가 좀처럼 멈추지 않거나 대량일 경우에는 폐수종이나 심각한 비염, 종양 등의 우려가 있다. 이것도 조속한 처치가 필요하다.

퍼그나 페키니즈, 프렌치 불독 등 코가 짧은 견종들은 코를 고는 경우가 많다. 이것은 연구개에 이상이 있기 때문인데 호흡곤란이 보인다면 긴급히 치료해야만 한다.

입에서 냄새가 난다

입 냄새가 심한 경우에는 대개 치주 질환이나 구내염에 원인이 있다.
고작 구취라고 생각하지 말고 치료를 받게 해야 한다

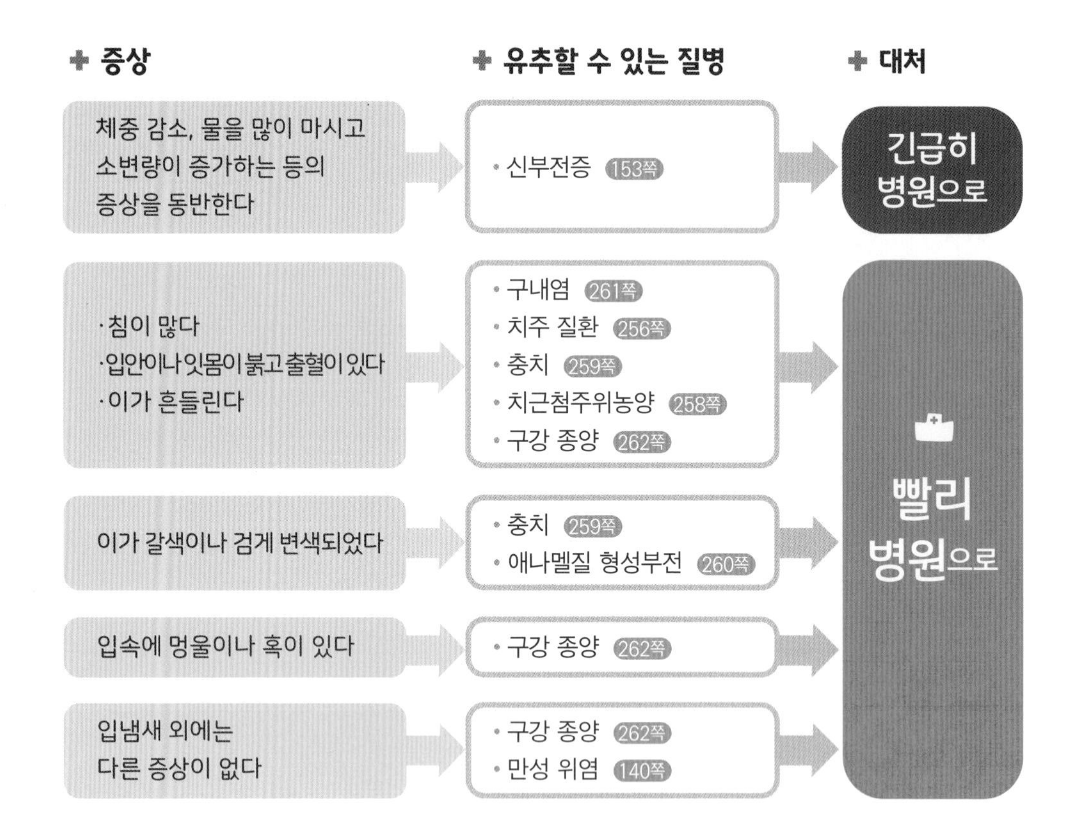

· 관찰 포인트

입에서 냄새가 난다고 느꼈을 때 입안을 잘 관찰한다. 잇몸이 부어 있지 않은지 이가 변색되지는 않았는지 치석이 붙어 있지 않은지 종양 같은 것이 없는지를 살펴본다. 치주 질환이 진행되면 이가 빠지게 되고, 악성 종양이 있으면 폐 등으로 전이된다. 또 이상이 없는데 구취가 날 때에는 소화기 질병을 생각해볼 수 있다.

침을 많이 흘린다

개는 침을 뚝뚝 잘 흘리지만, 양이 너무 많은 경우에는 질병일 가능성도 있다. 구강 내 질병뿐만 아니라 감염증이나 중독도 생각해볼 수 있다

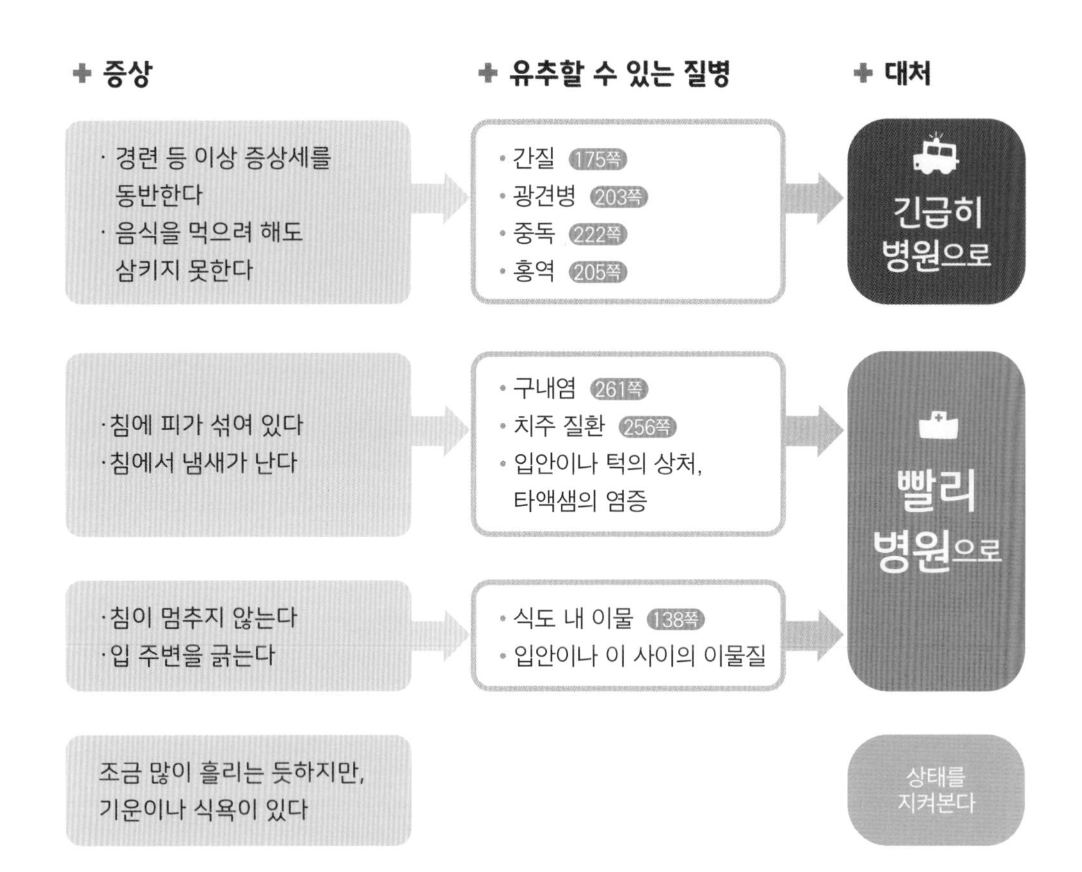

· 관찰 포인트

구내염이나 치주 질환, 타액샘의 염증 등에서는 냄새나는 침이 나오거나 침에 피가 섞여 있다. 또 식도나 입안에 이물이 있으면 침이 멈추지 않고 자주 입을 신경 쓰게 된다. 침 이외에 경련 등의 증상이 나타나는 경우에는 중독이나 간질, 홍역 등의 중대한 질병일 우려가 있으므로 긴급히 진단을 받도록 한다.

H.E.L.P!

호흡을 괴로워한다

운동이나 흥분을 해도 호흡은 흐트러지지만 호흡이 이상할 때에는 질병을 의심할 수 있다. 간혹 중대한 질병도 있다.

증상	유추할 수 있는 질병
·호흡이상뿐만 아니라 쇼크 상태를 일으킨다. ·호흡이상뿐만 아니라 입술이나 혀가 보라색이나 하얗게 질려 있다. ·호흡이상뿐만 아니라 전율, 침, 구토 등의 증상을 동반한다	
·호흡이 이상하게 빠르다 ·콧구멍이 실룩거린다	• 열사병 285쪽 • 종양 263쪽 • 기흉 133쪽 • 폐렴 131쪽 • 기관지염 130쪽 • 폐수종 132쪽
입을 벌리고 빠끔거린다	• 식도 내 이물 138쪽 • 폐수종 132쪽 • 기관지염 130쪽
·주저앉는다, 턱을 들고 숨쉰다 ·눕지 못한다	• 횡격막 헤르니아 134쪽 • 폐수종 132쪽 • 기흉 133쪽 • 심근증 114쪽
거위 울음처럼 뻐억뻐억 소리가 들린다	• 기관허탈 129쪽 • 연구개 과장증 128쪽
쌕쌕 소리가 난다	• 기관지염 130쪽 • 폐렴 131쪽
호흡이 거칠다, 빠르다 / 입술이나 혀는 핑크색	• 운동했다 • 흥분했다 • 긴장했다

✚ 대처

긴급히 병원으로

빨리 병원으로

귀청소를 해주고 상태를 지켜본다

· **관찰 포인트**

개의 호흡은 안정된 상태에서 1분에 15~30회 정도가 일반적이다. 운동을 했거나 흥분했을 경우에도 호흡은 힘들어 보인다. 하지만 이렇다 할 이유가 짚이지 않는데 호흡이 빨라졌다거나 거칠어지는 등의 이상을 느꼈을 때에는 다른 증상이 없는지 관찰하도록 한다.

호흡이 이상한데다 의식을 잃는 등의 쇼크 증상을 일으키거나, 침이나 구토를 동반하는 경우에는 긴급사태이므로 당장 병원에 데려가 치료받아야 한다. 또 입술이나 혀 등이 보라색이 되거나 하얘지는 청색증 상태가 된 경우도 심각하므로 긴급을 요한다.

입을 벌리고 뻐끔거리거나 주저앉아 턱을 들고 숨을 쉴 때에는 공기를 잘 들이마시지 못하는 것이다. 열사병이나 폐수종, 심장질병 등 심각한 질병이 원인인 경우가 적지 않으므로 충분하게 주의를 기울이고, 호흡에 이상이 있을 때에는 한시라도 빨리 진단을 받게 한다.

H.E.L.P!

기침을 한다

개의 기침에는 쿨럭거리는 마른기침과 쌕쌕거리는 습한 기침이 있다.
간혹 심장질병이 원인인 경우도 있다.

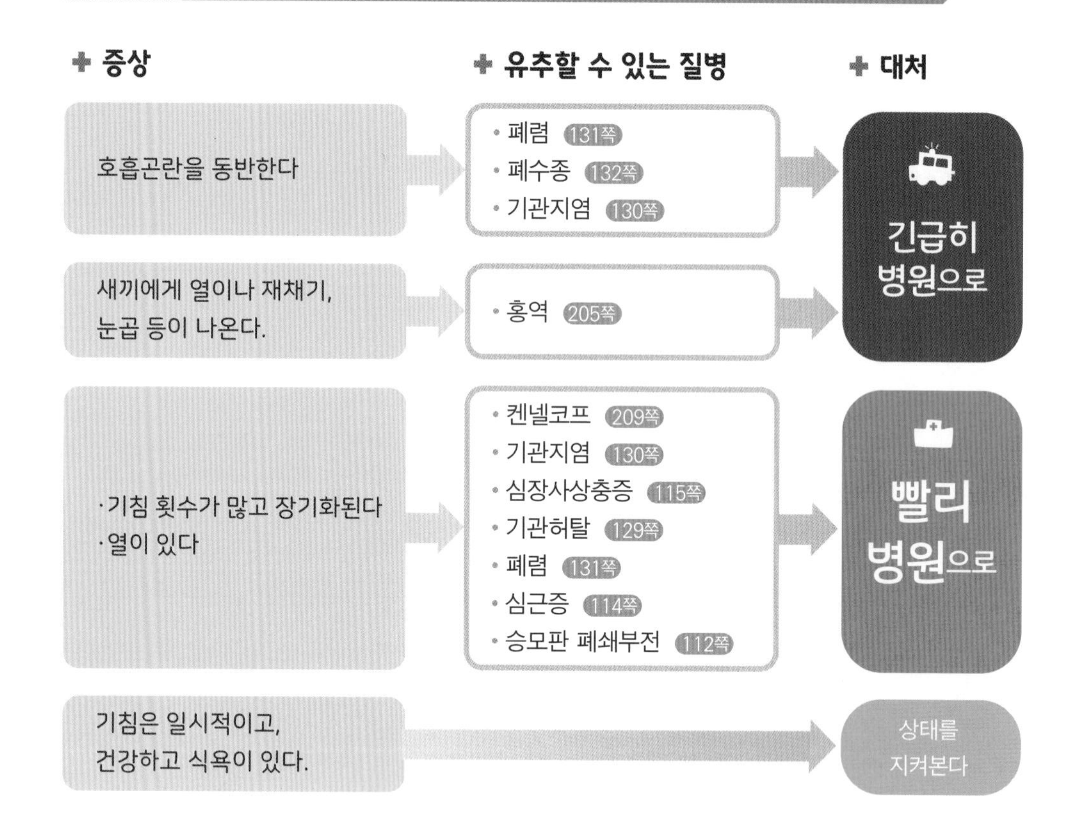

· 관찰 포인트

목이나 기관, 기관지, 폐 등 공기가 통하는 기도가 자극을 받으면 기침이 나온다. 흥분했을 때만 나오는 일시적인 기침이라면 크게 걱정할 필요는 없지만 기침 횟수가 많아지거나 장기화되는 것 같다면 치료를 받아야 한다. 방치하면 기침 때문에 기도의 염증이 더 악화되는 악순환이 일어난다.

피를 토한다

소화기에 이상이 있는 경우에는 검붉은 피가,
호흡기계에 이상이 있는 경우에는 기침과 함께 진한 붉은 피가 나온다.

✚ 증상	✚ 유추할 수 있는 질병	✚ 대처
· 출혈량이 많고, 반복적으로 토한다 · 호흡곤란이 오고, 의식을 잃는다		긴급히 병원으로
검붉은 피를 토한다	• 급성 위염 139쪽 • 만성 위염 140쪽 • 혈소판 감소증 122쪽 • 종양 263쪽	빨리 병원으로
기침과 함께 진한 붉은 피를 토한다, 피에 작은 거품이 섞여 있다	• 폐렴 131쪽 • 기관지염 130쪽 • 폐수종 132쪽 • 인두염 127쪽 • 심장사상충증 115쪽 • 혈소판 감소증 122쪽	빨리 병원으로
입안이나 코에서 출혈	• 비염 124쪽 • 종양 263쪽 • 부비강염 126쪽 • 치주 질환 256쪽	빨리 병원으로

· 관찰 포인트

출혈이 많거나 호흡곤란을 동반하는 등 증상이 심각하다면 생명에 관련된 경우가 많으므로 시급히 병원으로 데려간다. 검붉은 피를 토해내는 '토혈'과 기침과 함께 토하는 '객혈'이 있는데, 양쪽 다 증상이 악화되기 전에 조기 치료하는 것이 중요하다. 또 입안이나 코의 종양 등에 의해 출혈이 일어나는 경우도 있다.

털이 빠진다

개는 계절에 따라 털갈이를 하는데,
간혹 피부병이나 내분비질환에 의해 탈모가 일어나기도 한다.

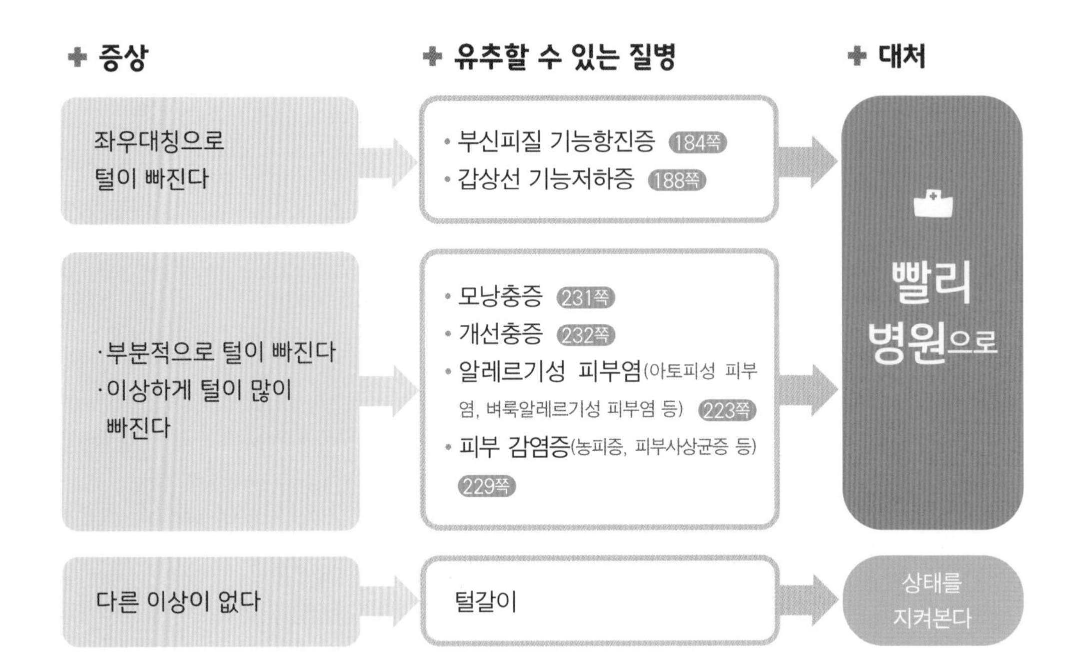

· 관찰 포인트

원래 개는 더위나 추위에 대비해 털갈이를 하는데, 최근에는 실내에서 기르는 개가 많아져서 1년 내내 털갈이가 일어나고 있다. 털갈이로 털이 빠지는 것은 걱정할 필요가 없지만, 살이 보일 정도로 탈모가 심하거나 이상하게 많이 빠지는 것은 피부질환을 의심해 볼 수 있다. 내분비 질병으로는 좌우대칭으로 털이 빠지는 것이 특징이다.

발육이 늦다

순조롭게 발육이 일어나지 않고, 표준 체격보다 현저하게 뒤지는 경우가 있다. 조급한 대응이 필요하다.

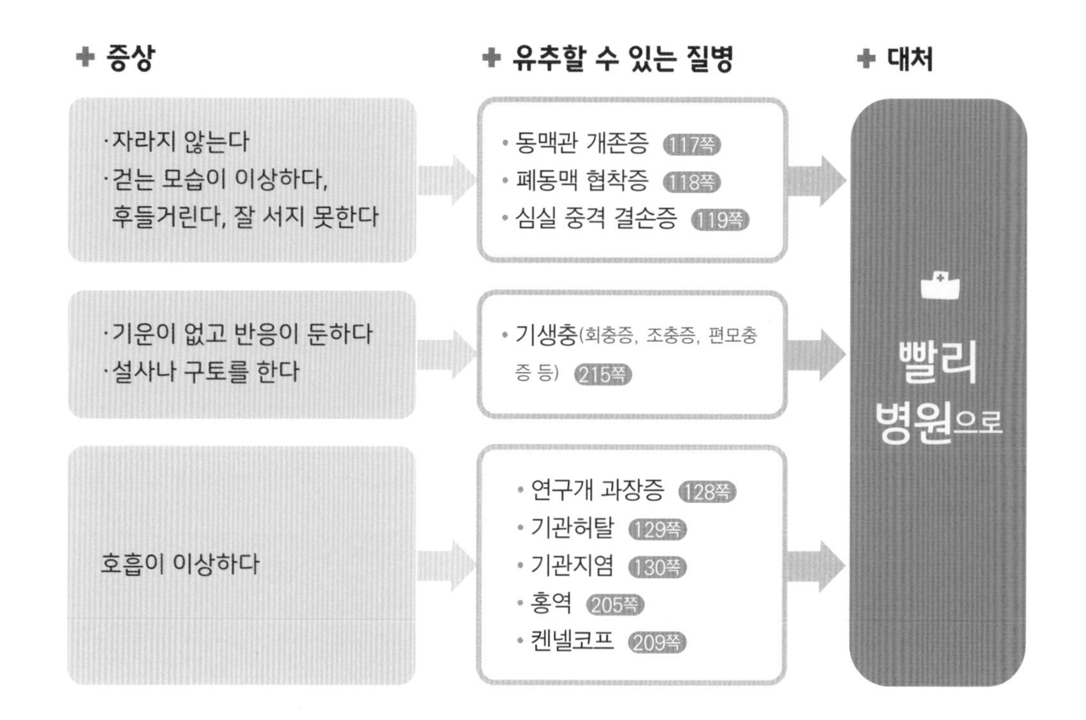

· 관찰 포인트

급여하는 식단이 한쪽으로 치우쳐 있거나 환경이 나쁜 경우가 아님에도 정상적으로 성장하지 않는 것은 질병이 원인이라고 볼 수 있다. 선천적인 심장 이상이나 기생충, 바이러스 감염 등에 의해 몸이 크지 않거나 외부자극에 대한 반응이 둔하거나 호흡이 이상한 등의 증상이 나타난다. 병원에서 검사, 치료를 하도록 한다.

H.E.L.P!

경련을 한다, 의식을 잃는다

경련을 하거나 의식을 잃는 질병은 많지 않은 대신 긴급을 요하는 경우가 많기 때문에 주의가 필요하다

✚ 증상		✚ 유추할 수 있는 질병
전신에 경련을 일으킨다	수유 중인 어미개가 경련을 한다.	• 저칼슘혈증(오른쪽 하단 부분 참조)
	· 경련이 몇분 이상 장기화된다. · 뭔가를 먹은 후 경련을 일으킨다.	• 간질 175쪽 • 중독 222쪽 • 종양 263쪽 • 신부전 153쪽 • 광견병 203쪽 • 홍역 205쪽
	발작은 짧은 시간에 잦아들었다.	
부분적으로 경련을 일으킨다.		• 간질 175쪽 • 홍역의 후유증 205쪽
의식을 잃는다	실신이 몇 분 이상 지속된다.	• 동맥관 개존증 117쪽 • 심실 중격 결손증 119쪽 • 폐동맥 협착증 118쪽 • 심장사상충증 115쪽 • 승모판 폐쇄부전 112쪽 • 심근증 114쪽 • 부정맥 120쪽
	바로 의식을 되찾았지만 기운이 없다.	
	바로 의식을 되찾고 평소대로 돌아왔다.	

+ 대처

긴급히 병원으로

빨리 병원으로

긴급히 병원으로

빨리 병원으로

상태를 지켜본다

· 관찰 포인트

근육이 옥죄이듯이 수축을 반복하는 경련을 일으키거나 뇌로 가는 혈행이 일시적으로 정지해서 의식을 잃으면 반려인은 당황하게 된다. 하지만 1회의 경련이나 실신으로 개가 사망에 이르는 일은 좀처럼 일어나지 않으므로 개가 쓰러지거나 버둥거리다가 상처를 입지 않도록 안전한 장소로 이동하는 등 차분히 대처하는 것이 중요하다. 발작 상황을 잘 관찰하여 수의사에게 보고하는 것이 원인 규명을 위해서도 중요하다.

단 뭔가를 먹거나 마신 직후에 경련을 일으킨 경우에는 중독일 가능성이 있으므로 긴급히 수의사에게 진단을 받아야 한다. 또 경련이나 실신이 몇 분 이상 계속되는 경우에도 심각한 질병일 수 있으므로 긴급히 진단받도록 한다.

어미가 수유 중일 때 모유를 통해 칼슘이 전해지기 때문에 혈중 칼슘이 부족해서 전신의 경련을 일으키는 경우도 있다. 이것을 저칼슘혈증이라고 한다. 즉시 병원으로 데려가 치료받게 한다.

걷는 모습이 이상하다

다리를 질질 끌거나 보호하는 것은 통증이 있기 때문이다.
또 신경계에 이상이 일어나 동작이 어색해지는 경우가 있다.

증상	유추할 수 있는 질병
·다리를 든 채 땅에 대지 않는다 ·다리가 부어 있거나 피를 흘리고 있다	• 골절 191쪽 • 관절염 200쪽 • 탈구 193쪽 • 전십자인대단열 199쪽
뒷다리가 마비되었다	• 추간판 헤르니아 181쪽
똑바로 걷지 못한다, 같은 곳을 빙글빙글 돈다	• 전정장애 177쪽 • 내이염 255쪽 • 중이염 254쪽
허리를 흔들면서 걷는다, 후들거린다	• 고관절 형성부전 197쪽 • 추간판 헤르니아 181쪽
다리를 질질 끈다, 감싼다 — ·기운이나 식욕이 없다 ·만지면 아파한다	• 탈구 193쪽 • 슬개골 탈구 195쪽 • 관절염 200쪽 • 뼈의 종양 202쪽 • 상처
다리를 질질 끈다, 감싼다 — ·건강하고 식욕이 있다 ·다리 안쪽에 작은 상처가 있다	

+ 대처

빨리
병원으로

상태를
지켜본다

· 관찰 포인트

골절이나 탈구 등으로 심한 통증이 있을 때는 다리를 들어 올린 채 똑바로 바닥을 짚지 못하게 된다. 긴급히 병원으로 데려가야 한다. 대부분의 경우에 외과수술이 필요할 것이다. 그렇게까지 심한 통증이 아닌 경우에는 다리를 질질 끌거나 감싸는 듯이 행동하고 만지면 싫어한다. 출혈이 있거나 붓지는 않았는지 체크한다. 통증이 있는 곳이 많기 때문에 부주의하게 만지지 않도록 조심하면서 병원으로 데려간다.

통증이 아니라 동작이 어색해지고 똑바로 걷지 못하거나 같은 곳을 빙글빙글 돌고 있을 때에는 내이염이나 중이염의 영향 등으로 전정 부위에 장애가 일어나 평형감각을 잃게 된 것이라고 볼 수 있다. 이 경우 안구가 가늘게 떨리거나 머리를 감싸듯이 행동하는 증상도 보인다.

이 밖에 추간판 헤르니아, 고관절 형성부전 등의 질병 때문에 휘청거리거나 스무스하게 일어나지 못하기도 한다.

반려견을 위한 최신의료

Q 개도 사람과 똑같이 최신 의료의 혜택을 받을 수 있을까요?

A 완전히 똑같지는 않겠지만 사람에게 하는 최신 의료가 동물에게 응용되는 예도 많이 있습니다. 예를 들어 질병을 진단하기 위해서는 CT나 MRI, 초음파 진단, 내시경 등을 사용하고, 수술에 시는 레이저를 쓰는 경우가 증가하고 있습니다.

Q 어디서 받을 수 있나요?

A 수의대학병원이나 시설이 충분한 대형병원 등에서 진료받을 수 있어요.

Q CT나 MRI가 뭔가요?

A 둘 다 신체 내부를 단면으로 촬영할 수 있는 영상진단기기입니다. CT는 X선을, MRI는 자기공명현상을 이용한 것인데, 이 기기들이 진화한 덕분에 뇌나 척추, 장기 등의 이상을 정확히 알 수 있게 되었고 질병 진단에 큰 도움을 줍니다. 진료에 통증이 따르지 않는 건 개에게 좋은 일이지만, 동물은 가만히 있지 못하기 때문에 마취가 필요합니다.

Q 비용은 얼마나 드는지?

A 안타깝게도 사람과 달리 개에게는 의료보험제도가 없고 최신 의료에 사용되는 기기는 고가인 것이 많기 때문에 아무래도 꽤 고액입니다. 이용 여부는 수의사와 상담해서 판단하세요.

Q 그 밖에 사람과의 차이는 없나요?

A 사람과 개의 차이점은 크기입니다. 사람은 표준을 사용하면 되지만, 개는 견종에 따라서 성견의 체중이 1㎏에서 100㎏에 육박하는 등 모든 개가 사용할 수 있는 진단기기를 개발하기는 어렵습니다. 예를 들어 신부전 치료법인 인공투석은 제한된 시설에 설치되어 있기는 하지만, 위의 이유로 안타깝지만 보급되어 있다고는 할 수 없어요.

'치료'보다 '예방'이 중요!

반려견의 일일 헬스 케어

지금 당장 위험한 곳을 체크!

실내 안전 확인 가이드맵

✓ 케이지

가족의 존재를 항상 느낄 수 있고, 개가 가장 안정을 취할 수 있는 장소에 잠자리를 마련해준다. 사람의 출입이 잦은 문 근처나 난방기구 등이 너무 가까이 있지 않는 곳이 좋다.

✓ 창문

창밖으로 지나다니는 사람의 기척이나 바람에 흔들리는 나무들을 신경 쓰거나 큰 소리에 깜짝 놀라는 개도 있다. 커튼을 치거나 창문에서 먼 곳에 케이지를 놓는 등 배려한다.

✓ 관엽식물

백합, 아이비, 튤립, 아마릴리스, 수선화 등의 구근이나 시크라멘 등 개가 입에 넣으면 위험한 식물이 많다. 닿지 않는 곳에 놓는다.

✓ 문

여닫이형 도어 개폐 시 주의. 개의 코가 끼이거나 갑자기 열다가 부딪칠 수도 있다. 문을 열어둔 채 아코디언커튼 등을 설치하는 것을 추천한다.

✓ 난방기구

화상을 입지 않도록 펜스를 설치한다. 전기장판은 저온화상이나 탈수의 원인이 되기도 한다. 방의 환기와 건조함에 주의하고, 자유롭게 다른 방으로 이동할 수 있게 해준다.

✓ 테이블 위

재떨이나 초콜릿, 감자칩 등의 과자류를 방치해 두지는 않는지? 테이블 위에 놓아두거나 테이블 위의 것을 먹지 않도록 훈련시키는 것도 중요하다.

인간의 편리한 생활이 반려견에게는 위험할 수도 있다.
반려견에게도 살기 좋은 환경이 조성되어 있는지 체크해보자

✓ 바닥

클립, 헤어핀, 고무줄 등 개가 삼키면 큰 일이 나는 것들을 늘어놓지는 않았는지? 마룻바닥이라면 카펫 등을 깔아 다리와 허리 관절을 신경 쓴다.

✓ 쓰레기통

내용물을 꺼내서 갖고 놀지 않도록 배치 장소에 주의. 먹고 남은 과자부스러기 등을 개가 먹기도 하므로 평소 훈련도 철저하게 시킨다.

✓ 콘센트 전선류

전자제품 전선류는 개가 갖고 놀면서 깨물다가 감전될 수도 있다. 높은 벽 위에 두거나 커버를 씌워서 물지 않도록 신경 쓴다.

✓ 소파 · 의자

뛰어 오르내리는 행위는 탈구 외에도 관절을 다치는 원인이 된다. 주종관계를 이해시키는 의미에서도 소파나 의자는 올라오지 못하도록 훈련을 시킨다.

✓ 계단

오르내릴 필요가 없는 단차는 멋대로 오르내리지 않도록 훈련시키고 펜스로 테두리를 친다. 현관 등의 단차는 관절에 부담을 주지 않도록 신경 쓴다(특히 고령견).

실내보다 위험이 가득!?

실외 안전 확인맵

실내사육 쪽이 안심

실외에서 개를 키우는 경우는 실내사육에 비해 방지하기 어려운 위험이 많다. 또 여름의 무더위, 겨울의 혹한기에 외부에서 지내는 것은 개의 몸에도 큰 부담이 된다. 마당에 내놓는 것은 기분 전환이나 일광욕을 하는 정도로 하고, 반려인의 눈길이 닿는 실내에서 키울 것을 권장한다.

✓ 땅파기

지루할 때나 여름의 더위를 피하기 위해 땅을 파는 등 놀이의 개념도 있지만 스트레스에 의한 행동일 경우도 있으므로 평소 충분히 커뮤니케이션을 잊지 말자.

✓ 화초

사람에게는 아름다운 관상용 화초 중에는 개가 먹으면 중독증상을 일으키는 종류가 있다. 제초제나 살충제 등도 개에게 위험하다. 핥지 않도록 주의가 필요하다.

✓ 햇볕

한여름에는 직사광선이 닿지 않는 서늘한 곳에, 한겨울에는 해가 잘 드는 따뜻한 곳에 하우스를 옮겨준다. 계절에 따라 집의 위치나 방향을 바꿔주는 것이 가장 좋다.

실외에서 개를 키우는 경우에는 어디에 신경을 써야 할까?
주변에 있는 위험 포인트를 확인해보자.

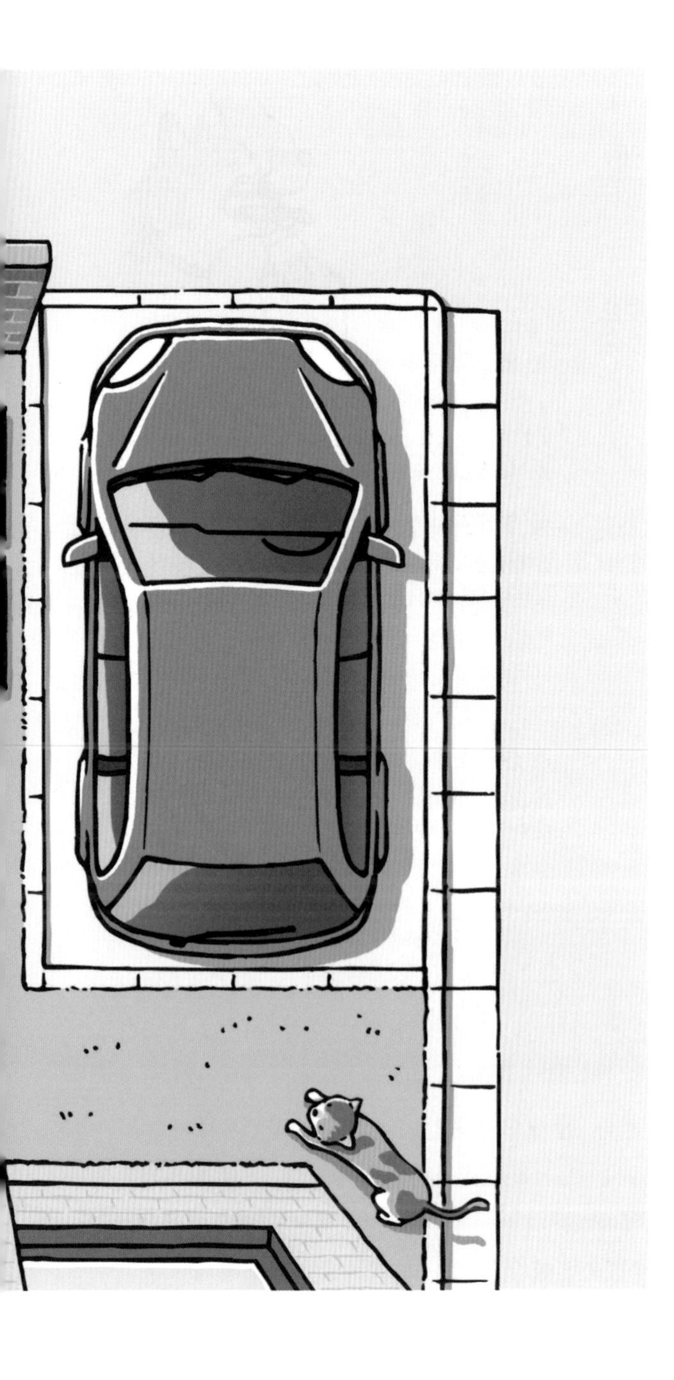

✓ 통풍

한여름에는 통풍이 잘되는 곳에 하우스를 배치하여 열사병에 걸리지 않도록 배려한다. 한겨울에는 틈새로 바람이 들어오지 않도록 하우스를 잘 감싸준다. 고령견은 혹한기만이라도 실내에서 키우기를 추천한다.

✓ 통행인 · 차

장난칠 위험성과 다칠 위험성이 공존한다. 통행인에게 닿지 않는 곳에 하우스를 설치한다. 또 차가 출입할 때 사고가 일어나는 경우도 많으므로 주차공간에는 개를 들이지 않도록 한다.

✓ 체인

개를 묶어두는 철책이나 끈이 목이나 다리에 감기면 다치거나 사고의 원인이 되기도 한다. 끈이 너무 짧으면 개에게 스트레스가 되고, 너무 길면 행동범위가 넓어져서 장난치다가 다칠 위험이 있다.

✓ 고양이

길고양이 등의 침입은 없는지? 싸우다가 다치거나 상처로 세균이 감염되거나 질병이 전염되는 경우도 있으므로 평소 주의한다.

✓ 기생충

벼룩이나 진드기 등의 기생충 대책에 만전을 기했는지? 모기에 물려 전염되는 심장사상충에 특히 주의해야 한다. 하우스나 식기, 몸을 청결하게 유지하고 예방약을 먹이거나 구충제를 살포한다.

청결하게 하는 것도 질병 예방

반려견의 스킨케어

이빨 손질

체크 포인트

음식찌꺼기, 치태, 치석이 끼지 않았는지 체크. 아래 위의 어금니에는 치석이 끼기 쉬우므로 특히 신경 쓴다. 구취가 나지 않는지도 확인한다.

방법

한 손으로 개의 입을 벌리고 다른 손의 검지에 깨끗한 거즈를 감고 이빨의 오물을 닦아낸다. 동시에 잇몸 마사지를 해준다.

손질 빈도

1주일에 1회.

이빨의 질병

잇몸염증이 심해지면 치주염이 된다. 이빨의 뿌리가 염증을 일으켜 고름이 쌓이는 치근첨주위농양 외에도 이전에는 적게 발생했던 충치도 증가하고 있다.

일상의 주의

부드러운 것만 먹는 개의 이빨에는 치석이 끼기 쉽다. 일상적인 손질도 중요하지만 부드러운 것만 주지 않는 식생활을 유도한다.

병원에서는

집에서 관리할 수 없게 된 치석은 병원에서 제거한다. 정기적으로 동물병원에서 검사를 받는 것도 좋은 방법이다.

그 밖의 방법

손가락 색sack

브러시 모양의 돌기가 달린 양치용 손가락색도 있다. 거즈로 이빨을 닦듯이 사용한다.

개 전용 칫솔

개 전용 칫솔이 있다. 치약은 없어도 괜찮지만 개 전용 치약도 있다.

이갈이 시기에도 주의

이빨 사이에 음식찌꺼기가 남아 있으면 치석이나 구취의 원인이 된다. 이것을 방치하면 잇몸염증을 일으키고 심해지면 치주염이 된다. 예방을 위해서는 평소 부드러운 것만 주지 말고 편식하지 않도록 신경 써야 한다. 잘 떨어지지 않는 치석은 동물병원에서 제거한다. 또 유치에서 영구치로 이갈이를 하는 시기에는 신중하게 관찰한다. 소형견은 생후 6개월까지 빠져야 할 유치가 빠지지 않아 영구치가 나란히 나는 경우가 많은데(유치잔존), 이로 인해 부정교합이나 잇몸염증이 되기 쉽다. 이상을 발견하면 동물병원에서 발치 등의 처치를 받는다.

사람과 마찬가지로 청결한 상태를 유지하는 것은 개에게도 매우 중요하다.
부지런히 손질하다 보면 변화나 이상을 일찌감치 알아차릴 수 있어
질병의 조기발견으로 이어진다.

귀 손질

체크 포인트

악취가 나지 않는지, 귀지가 쌓여 있지 않은지, 염증이 없는지를 체크, 이도에 털이 많은 견종은 특히 신경을 쓴다.

방법

청결한 탈지면이나 거즈에 이어클리너를 적셔 귀지나 오물을 부드럽게 닦아낸다. 귓구멍을 막는 털은 뽑는다.

손질 빈도

체크는 매일. 한 달에 1~2회 정도는 꼼꼼하게.

귀의 질병

외이염은 개에게 흔히 발생하는 질병이다. 외이염이 진행되면 중이염이나 내이염이 되고, 청각장애를 일으키거나 신경증상이 발생하는 경우도 있다.

병원에서는

귀 손질은 동물병원에서 하는 방법과 집에서 케어하는 방법이 거의 비슷한데, 외이도의 깊은 곳에 오물이 있을 때에는 소독약으로 세정한다.

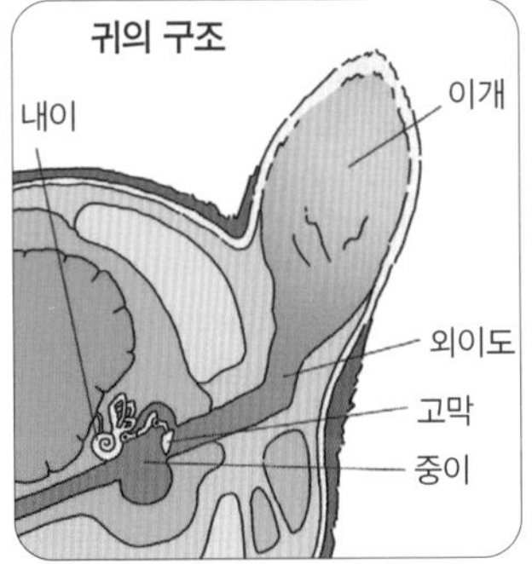

개의 이도는 완만한 L자 모양으로 되어 있다. 면봉을 사용하면 귀의 내부가 다치거나 오물이 안으로 밀려들어갈 수 있으므로 입구가 보이는 범위에서만 사용한다.

개의 청각

야생에서 사냥을 하며 살아가는 개에게 냄새 다음으로 중요한 것은 청각이었다. 사냥감이 움직이는 희미한 소리나 천둥소리, 또는 위험을 재빨리 감지하기 위해서는 청각이 발달할 수밖에 없었다. 또한 인간이 들을 수 없는 고음도 들을 수 있으며 방향 확인 능력도 인간의 2배라고 한다.

자주 확인, 손질은 부드럽게

항상 청결하게 유지해야 하는 개의 귀. 매일 체크를 거르지 말고 한 달에 1~2번은 꼼꼼하게 손질을 해주는 것이 좋다. 특히 귀가 늘어진 견종이나 외이도에 털이 많은 개는 귀에 관련된 질병에 걸리기 쉬우므로 더 주의해야 한다.

귀를 손질할 때에는 속까지 닦거나 세게 비비면 안 되고, 부드럽게 오물을 닦아내듯이 한다. 이도를 다치게 하거나 오물을 안으로 밀어 넣으면 오히려 질병에 걸릴 수 있으므로 신중하게 해야 한다. 개가 귀를 가려워하는 행동을 보인다면 외이염 등 귀에 관련된 질병일 가능성이 있으므로 빨리 병원에 데려가야 한다.

눈·발톱 손질

눈

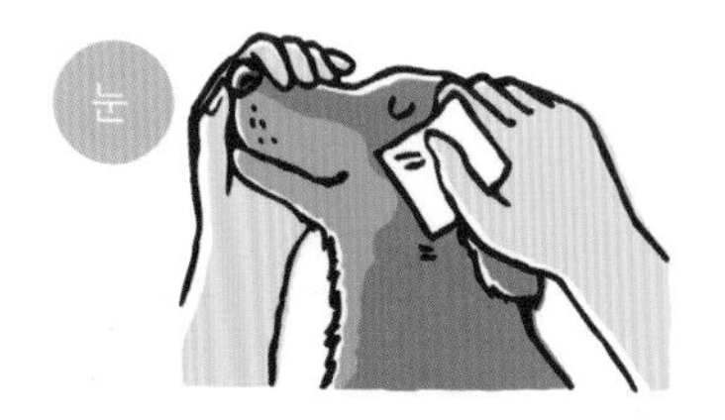

방법

청결한 수건이나 탈지면, 거즈 등을 적셔 눈곱이나 눈 주위의 더러운 부분을 부드럽게 닦아낸다. 심하게 지저분할 때에는 미지근한 물로 한다. 산책 후에는 눈에 먼지가 들어가지 않았는지 확인한다.

손질 빈도

매일. 지저분하거나 눈물이 나올 때마다.

눈의 질병

먼지나 알레르기가 원인이 되어 일어나는 결막염이나 각막염 등이 있다. 눈물의 양이 늘었거나 눈이 충혈되었거나 앞발로 눈을 비빈다면 빨리 수의사에게 상담하는 것이 좋다.

발톱

필요도구

발톱깎이

시판되고 있는 펫 전용 발톱깎이(길로틴 식)를 사용하는 것이 가장 좋다.

발톱갈이

대부분 펫 전용 발톱깎이와 세트로 판매된다.

신경, 혈관

여기를 자른다.

방법

혈관이나 신경이 통과하는 부분을 자르지 않도록 주의해서 자른다. 발톱갈이는 왕복으로 하지 않고 한쪽으로만 한다.

손질 빈도

한 달에 1~2회(실외견은 자연스럽게 마모되므로 자라는 상황을 봐서 판단한다).

발톱이 자라면

발톱이 너무 자라면 패드를 찌르기 때문에 걸을 때마다 통증을 느끼게 된다. 앞발의 엄지발톱에 해당하는 이리발톱은 피모에 덮여 있으면 놓치기 쉬우므로 주의한다.

케어는 환경이나 개체에 맞게

눈은 건강 상태를 확인하는 의미에서도 중요한 부분이다. 반려견의 눈은 생기 있게 반짝이고 있는지? 충혈되어 있거나 눈물이 고여 있거나 촉촉하다거나 등 이상이 있을 때에는 눈의 질병뿐만 아니라 다른 질병일 수도 있으니 주의가 필요하다. 눈에 먼지 등이 들어간 경우에는 세안제로 씻어낸다.

개의 발톱이 너무 자라면 끝이 패드를 파고들어 통증을 느끼게 되므로 자란 상태를 자주 체크한다. 너무 바싹 깎지 않도록 주의하며 혈관의 위치를 확인하고 혈관이 다치지 않도록 조심스럽게 자른다. 바싹 깎아서 아팠던 경험이 있던 개는 발톱 깎는 것을 싫어하게 된다.

그루밍

필요도구

슬리커 브러시
대부분의 개에게 사용할 수 있는데 특히 단모, 언더코트(밑털)가 있는 견종에게.

빗
빗질을 마무리할 때나 모질이 부드러운 장모견종에게도 적당하다.

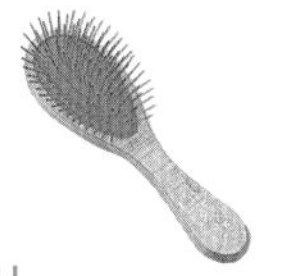

핀 브러시
복슬복슬한 장모종의 빗질에 적당하다.

돼지털 브러시
돼지털 등을 사용한 빗. 2개월 정도까지의 새끼에게는 이것을 사용한다.

· 장모종 ·

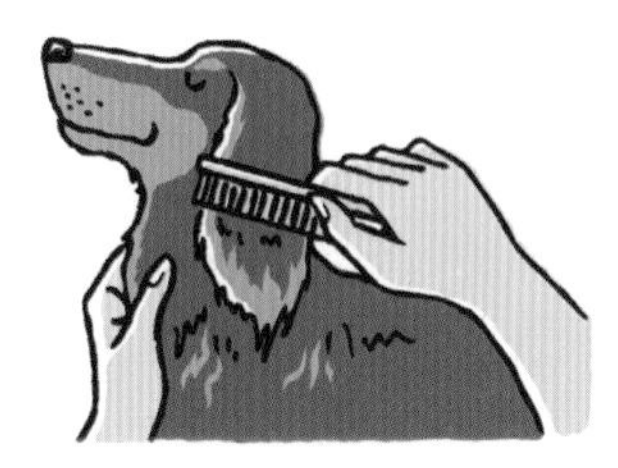

사용 브러시

돼지털 브러시 또는 핀 브러시, 슬리커 브러시(소프트 타입), 빗.

방법

털을 결에 따라 나누고 아래쪽부터 결을 따라 빗질한다. 부드러운 털은 엉키기 쉬우므로 손으로 풀면서 정성껏 빗질한다. 털갈이 시기에는 빗질에 앞서 슬리커 브러시로 빗어주는 것이 좋다. 빗질 후에는 결에 따라 빗으로 마무리한다. 다리 안쪽이나 귀 등에 너무 자란 털은 잘라준다.

빈도

빗질은 매일

포인트

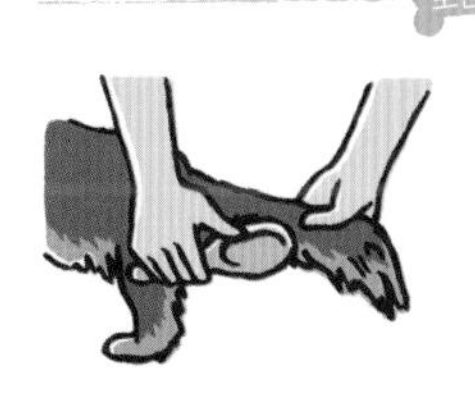

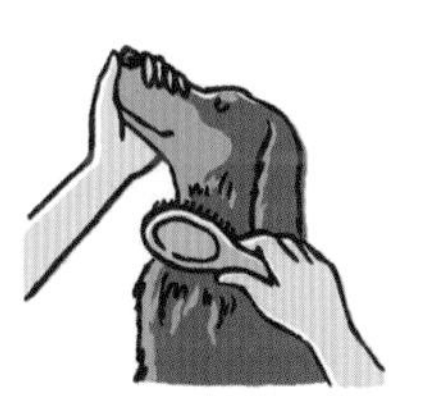

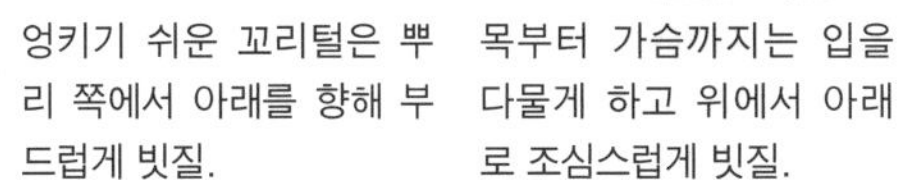

엉키기 쉬운 꼬리털은 뿌리 쪽에서 아래를 향해 부드럽게 빗질.

목부터 가슴까지는 입을 다물게 하고 위에서 아래로 조심스럽게 빗질.

· 단모종 ·

사용 브러시

돼지털 브러시, 슬리커 브러시(하드 타입).

방법

털의 결을 따라 돼지털 브러시로 빗는다. 털갈이 시기에는 슬리커 브러시로 빠진 털을 빗어낸다.

빈도

매일

이상을 조기발견하는 데에도 효과적

피모손질에 관한 전반을 그루밍이라고 한다. 그루밍은 빠진 털이나 오염물을 제거하고 청결하게 할 뿐만 아니라 신진대사를 높여주거나 피부병, 벼룩 · 진드기의 발견과 예방, 반려견과의 스킨십 등의 목적이 있으며 반려견의 건강유지에 빼놓을 수 없다. 늦기 전에 익숙해지게 만들자.

식사의 기본

음식의 종류와 특징

• 드라이 타입

수분함유량 10% 이하. 영양밸런스가 좋고 씹는 식감이 있어 이빨 건강유지에도 더 좋다. 반드시 깨끗한 물과 함께 급여하도록 한다.

• 세미모이스춰 타입

수분함유량 25~35%인 반 생 타입. 영양가는 드라이 타입보다 낮지만 개의 기호성은 높은 편. 개봉 후 1개월 정도까지 사용한다.

• 웨이트 타입

수분함유량 70% 이상. 고기, 생선, 야채 등 종류가 풍부한데 가격은 다소 비싼 편. 영양 밸런스가 좋은 것은 '종합영양식'으로 표시된 제품이다.

간식의 종류

• 껌 · 뼈류

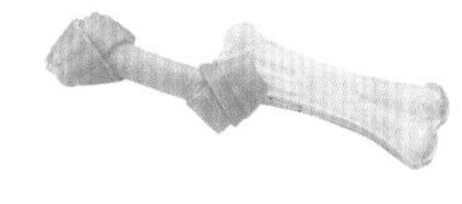

씹는 질감이 있어 턱 강화, 치석 예방 · 제거에도 도움이 된다. 덴탈 케어 제품도 증가하고 있다.

• 쿠키 · 비스킷류

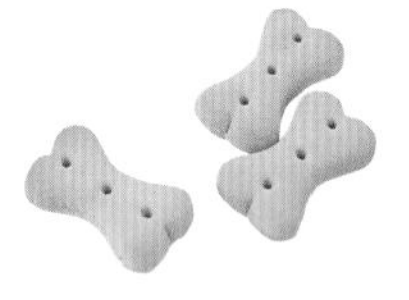

야채나 치즈를 반죽한 것 등 종류도 다양하다. 개의 기호성은 높지만 지나치게 주면 비만의 원인이 된다.

• 저키류

소, 돼지, 닭 등을 건조시킨 가공 식품. 칼로리가 신경 쓰인다면 저지방 · 고단백의 사사미저키를 준다.

• 치즈류

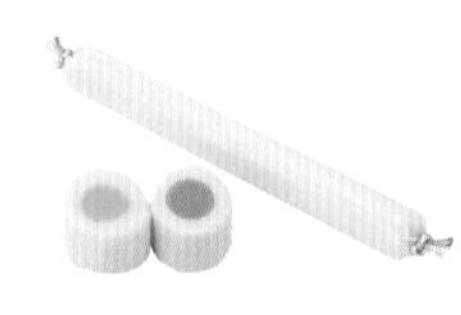

손쉽게 칼슘을 섭취할 수 있고 개의 기호성도 높지만 칼리로가 높다. 치석도 끼기 쉬우므로 지나친 급여는 금물.

간식의 종류

• 강아지용

생후 얼마 되지 않은 강아지를 위한 이유식이나 유년기의 새끼를 위한 고단백 푸드 등이 있다.

• 시니어용

여분의 지방을 제거하고 고령견의 건강유지를 서포트하는 영양소를 밸런스에 맞춰 배합한 푸드이다.

• 비만용

비만을 보이는 개를 위한 저지방 푸드이다. 최근에는 지방연소를 돕는 성분을 배합한 푸드도 있다.

• 영양 보완식

성장이나 건강유지를 위해 빼놓을 수 없는 비타민이나 칼슘보충을 목적으로 한 푸드이다.

질병이 없는 건강한 몸을 유지하기 위해서는 매일 섭취하는 식사가 매우 중요하다.
식사에 관한 기본 팁을 배워보자.

특징을 알고 목적에 맞게

반려견의 식사가 도그푸드만으로는 맛이 없다고 생각할지도 모른다. 하지만 개에게 필요한 영양을 수제로 만들어 급여하는 것은 매우 힘든 일이다. 필요한 영양소가 정확히 계산되어 있는 도그푸드는 개에게 이상적인 식단이라고 할 수 있다. 푸드를 선택할 때에는 반려견의 성장, 몸 상태, 기호에 맞게 선택하는 것이 중요하다. 급여량은 포장지의 표시에 따르도록 한다.

먹이면 안 되는 음식

과자·단 것

• 초콜릿, 케이크 등

당질이나 지방질이 많아서 비만의 원인이 된다. 특히 초콜릿에 함유되어 있는 테오브로민은 중독증상을 일으키므로 절대 먹여서는 안 된다.

뼈

• 닭이나 생선 등의 딱딱한 뼈

특히 닭 뼈는 잘게 부수면 세로로 갈라져서 끝이 날카롭기 때문에 목이나 식도, 위벽을 찌를 우려가 있다. 같은 이유에서 생선뼈 등의 단단하고 뾰족한 뼈를 먹지 않도록 주의한다.

파 종류, 마늘, 부추

• 양파, 대파, 마늘, 부추 등

파 종류는 개의 적혈구를 녹이는 작용을 하기 때문에 레드와인 색깔의 혈뇨가 나오거나 설사를 반복하거나 빈혈을 일으키게 한다. 잘게 다져 섞은 식품도 주의한다.

소화가 잘 안 되는 음식

• 오징어, 문어, 새우, 어패류, 땅콩, 곤약, 표고버섯, 죽순 등

소화가 잘 안 되는 음식을 주면 소화불량을 일으키고 구토의 원인이 된다. 개가 좋아하는 음식이라면 상으로 아주 가끔 정도만 주도록 한다.

기타

• 차가운 음식, 뜨거운 음식, 물 · 개 전용 우유 이외의 음료

개의 체온과 같은 38℃ 전후가 적정 온도. 차가운 것을 그대로 주면 갑자기 자극을 받아 설사를 일으키기 쉽다.

자극적인 음식

• 와사비, 겨자, 고추, 후추 등

향신료 등의 자극이 강한 음식은 개의 위를 지나치게 자극하거나 장에 부담을 주는 원인이 된다.

가공식품

• 가마보코(어묵 종류), 소시지, 햄 등

사람의 기호에 맞게 만들어진 가공식품은 많이 먹으면 개에게는 과다한 염분섭취가 된다.

개의 식사는 정확하게 관리를

건강한 개는 식욕도 왕성하고 사람이 먹는 것은 거의 먹을 수 있다. 하지만 건강을 해치는 식품도 있다. 개는 음식을 주면 좋아하면서 먹기 때문에 사람이 제대로 정확하게 관리하는 것이 중요하다. 스낵이나 케이크처럼 사람이 먹는 간식을 주고 싶겠지만, 사람이 먹는 음식은 개에게는 지방이나 염분이 매우 높아서 비만이나 신장병 등의 원인이 되므로 주지 않도록 신경 쓴다.

이 밖에도 중독증상이 보고되어 있는 초콜릿이나 파 종류, 위에 자극이 심한 향신료, 소화가 잘 안 되는 음식 등은 주지 않도록 주의 깊게 신경 쓴다.

식사 장소의 환경과 신경 쓸 포인트

식기는 자주 닦는다

식기는 식사가 끝날 때마다 깨끗하게 닦는다. 음식찌꺼기가 남아 있으면 여름에는 식중독의 원인이 될 수 있다.

물은 항상 신선한 것을

마시고 싶을 때 언제든 마실 수 있도록 물을 항상 준비해 둔다. 물은 자주 교환해서 항상 신선한 물을 공급한다.

정확한 분량을 지킨다

반려견이 먹고 싶은 만큼 주게 되면 비만의 원인이 된다. 포장지에 쓰여 있는 분량을 지키도록 노력한다.

먹고 남긴 것은 바로 치운다

먹고 남은 음식을 방치하지 말고 바로 정리한다. 훈련의 의미도 있지만 먼지나 벌레 등이 들어간 것을 먹지 않게 하기 위해서이다.

식사는 청결한 환경에서

개에게 식사를 줄 때의 포인트는 다 먹은 후 식기를 바로 정리하는 것이다. 급여한 식사를 다 먹지 않은 것은 배가 부르다는 신호이므로 남았더라도 식기를 정리한다. 남은 음식으로 장난을 치거나 마냥 아무 때나 먹어도 된다고 생각하는 것은 훈련 상 좋지 않다. 벌레나 먼지가 들어간 음식을 반려견이 먹는 것도 위험하다. 위생적으로도 '다 먹었으면 식기는 바로 치운다'를 철저히 한다.

식기의 스크래치에는

플라스틱 식기는 가벼워서 개가 장난감으로 갖고 놀기 쉽고, 깨물면 흠이 나기 쉽다. 이 흠에 낀 오염물은 제거하기가 어렵다. 식기는 안정성이 있고, 흠이 잘 나지 않는 도기나 스테인리스를 추천한다.

성장에 맞는 급여 방법

이유 전

(생후 약 3주까지)

급여 횟수 1일 4회

건강한 어미의 모유에는 질병에 대한 항체가 함유되어 있고 영양도 뛰어나다. 생후 3주 정도까지의 새끼는 모유로 크는 것이 가장 좋다. 모유를 먹지 못할 때에는 개 전용 분말우유를 먹인다. 우유는 영양 면에서 부족하므로 피하도록 한다.

유년기

(생후 약 3주~3개월)

급여 횟수 1일 4회

생후 20일경이 되면 유치가 나기 시작하기 때문에 서서히 이유식으로 변경해가고, 2개월 정도에는 이유를 끝낸다. 이 무렵에는 딱딱한 푸드도 먹을 수 있지만 처음에는 개 전용 우유를 병행하거나 부드러운 음식을 섞어서 주는 것이 좋다.

소년기

(생후 약 3개월~4개월)

급여 횟수 1일 3~4회

몸이 만들어지는 중요한 성장기로 체중 1㎏당 성견의 약 2배의 영양을 필요로 한다. 식욕이 왕성한 시기지만, 식사량을 늘리면 비만이나 소화불량이 되기 쉽다. 또 이 시기에 '앉아', '기다려' 등의 훈련을 철저하게 시키는 것이 좋다.

청년기

(생후 약 6개월~1세)

급여 횟수 1일 2~3회

생후 6개월을 넘길 무렵부터 식사 횟수를 1일 2~3회로 줄인다. 몸의 크기가 결정되는 8~10개월 무렵을 기준으로 식사는 아침저녁 2회로 나눠준다. 성장에 개체차가 나타난다. 비만에 주의하고 푸드는 성견용으로 바꿔준다.

성견

(약 1세~ 6,7세)

급여 횟수 1일 2회

식사 횟수는 대형견은 1일 1회도 OK. 한 번에 많이 먹지 않는 개나 소형견은 2회에 나누어 준다. 식사 관리와 병행하여 5세 정도까지는 충분한 운동을 시킨다. 6세를 넘기면 노화가 시작되는 개도 있으므로 상태를 보면서 운동량을 조절한다.

노견

(약 7, 8세)

급여 횟수 1일 3~4회

이빨이나 장기능이 쇠약하므로 딱딱한 것, 소화하기 힘든 것은 피하도록 한다. 또 운동량이 줄어드는 데 비해 식욕이 있기 때문에 칼로리를 너무 많이 주지 않도록 주의한다. 염분, 지방분, 당질도 줄이도록 한다. 음식 벅기 편하도록 식기를 대 위에 놓아주는 등의 배려도 중요하다.

※ 몸에 질환이 없는 건강한 개의 경우이다.
질환이 있는 경우에는 반드시 수의사에게 상담을.

새끼일 때부터 도그푸드를

개와 사람에게는 필요한 영양소의 양에 큰 차이가 있다. 예를 들어 단백질은 사람의 4~5배, 칼슘은 10배 이상이 필요하지만 염분은 사람의 3분의 1 이하, 야채도 소량이면 된다. 도그푸드를 먹지 않는다고 해서 사람과 똑같은 음식을 주면 영양이 치우치게 된다. 개가 좋아하는 것만 주면 질병으로 이어지므로 새끼 때부터 도그푸드에 익숙해지도록 한다. 또 성장과 함께 영양소의 필요량, 식사량, 횟수 등도 달라진다. 위에 있는 성장에 맞는 식사 급여 방법 표를 참고로 식사관리에 신경 쓰자.

적량과 비만도 체크

주요 견종의 표준체중(성견)

견종	표준체중
미니어처 닥스훈트	3.5~5kg
토이 푸들	3~4.5kg
요크셔테리어	1.5~3.3kg
포메라니안	1.3~3.2kg
파피용	3~4kg
시추	4~8kg
미니어처슈나우저	5.5~9kg
프렌치 불독	8~13kg
말티즈	1.8~3.2kg
웰시코기 펨브룩	8~14kg
시바	7~13kg
퍼그	6~8kg
미니어처 핀셔	3~5kg
카발리어 킹 찰스 스파니엘	5~8kg
래브라도 리트리버	25~36kg
골든 리트리버	25~36kg
잭 러셀 테리어	5~8kg
비글	7~14kg
보더 콜리	14~23kg
아메리칸 코카스파니엘	12~23kg

비만 신호를 놓치지 말자!

배

배를 만져서 뼈의 감촉이 느껴지는지 체크. 지방이 덕지덕지 붙어 있다면 비만기의 신호이다.

옆구리

눈으로 봐도 뼈가 튀어나와 있다면 너무 마른 것이다. 옆구리를 만져서 늑골의 감촉이 느껴진다면 OK.

등

등에서 엉덩이까지 만졌을 때 등뼈의 감촉을 느낄 수 있는지 체크. 감촉이 없다면 지방이 너무 붙은 것이다.

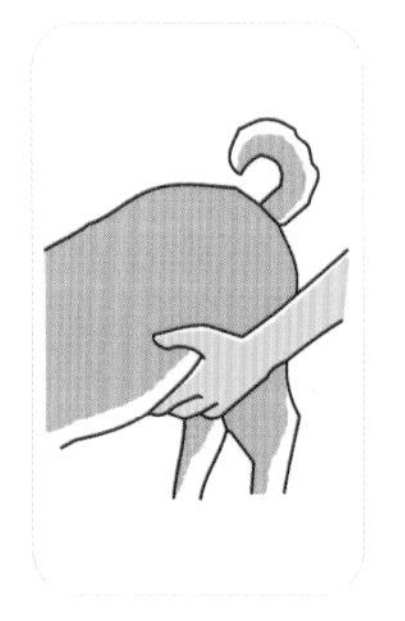

살찌기 전의 예방과 관리도 중요

개가 비만이 되는 것은 식사를 주는 반려인의 책임이기도 하다. 살찌고 나서 다이어트를 시키는 것은 개에게 참기 힘든 고통이다. 그것이 가엽게 느껴진다면 평소에 체중관리를 철저히 하는 수밖에 없다.

반려견의 비만 상태를 확인하는 가장 간단한 방법은 손으로 몸을 만져보는 것이다. 등이나 배, 옆구리 등을 만졌을 때 등뼈나 늑골의 감촉은 어떠했는지, 반려견의 표준체중을 파악하고 그때의 감촉을 기억해두면 좋을 것이다. 평소에 자주 체크를 하면 체형의 변화도 쉽게 알아볼 수 있다.

1일 급여량 기준

체중	필요 칼로리	건사료
1kg	100kcal	30g
2kg	190kcal	55g
3kg	270kcal	80g
4kg	340kcal	95g
5kg	420kcal	120g
6kg	490kcal	140g
7kg	560kcal	160g
8kg	630kcal	180g
9kg	700kcal	200g
10kg	760kcal	220g
15kg	1100kcal	315g
20kg	1400kcal	400g
25kg	1700kcal	490g
30kg	2000kcal	570g
35kg	2300kcal	660g
40kg	2500kcal	720g
45kg	2700kcal	770g
50kg	2900kcal	830g

※ 산책 등으로 일정하게 운동을 하고 있고 이상표준을 유지하고 있다는 전제 하에.

살쪘을 때의 다이어트 방법

당신의 개는 괜찮으십니까?

※ ( ) 안은 표준체중과의 비교

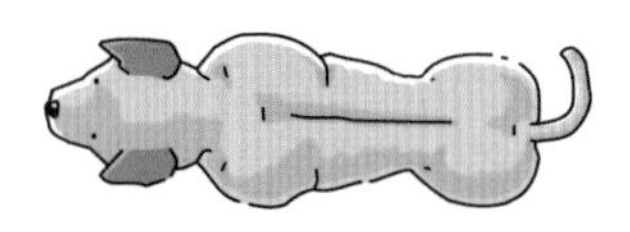

너무 말랐다(-15%)~**마른 듯**(-10%)

위에서 봤을 때 허리가 패인 듯이 쏙 들어가 있다. 만지면 뼈의 요철이 확실하게 알 수 있다.

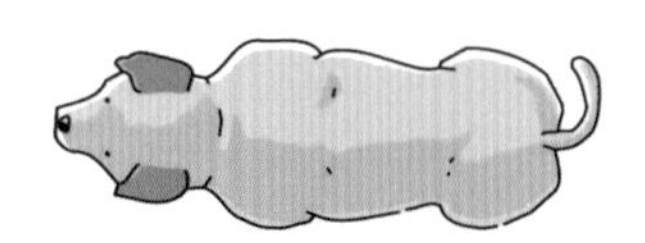

이상적(±5% 이내)

매끈하게 허리가 잘록하다. 만지면 뼈의 윤곽을 알 수 있을 정도의 감촉이 있다.

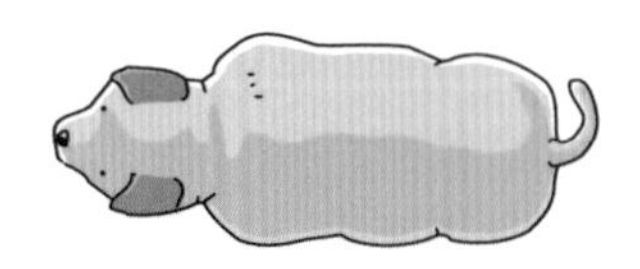

비만인 듯(+10%)~**비만**(+20%)

위에서 보면 어깨에서 꼬리까지 들어간 부분이 없이 통짜. 뼈의 감촉은 좀처럼 느껴지지 않는다.

다이어트 방법 제1

부피를 늘려 포만감을 느끼게 한다

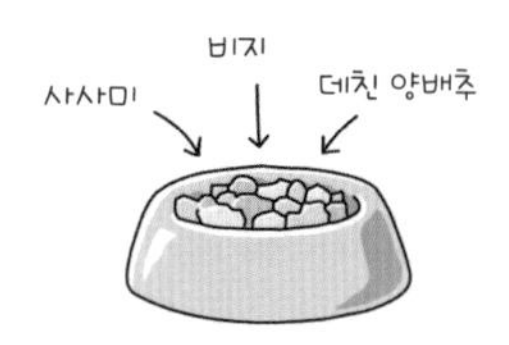

도그푸드의 양을 줄이고, 비지나 데친 양배추, 사사미 등의 저칼로리 식품을 섞는다. 저칼로리지만 개는 '많이 먹었다'라며 만족할 것이다.

다이어트 방법 제2

횟수를 늘려 만족시킨다

식사량은 같더라도 주는 횟수를 늘리면 공복시간이 짧기 때문에 개는 만족한다. 간식도 하나를 두 개로 나눠 주면 '두번 먹었다'라고 만족한다.

1개월에 목표체중으로 만들기 위한 칼로리 계산식

$$\text{1일 칼로리량 (kcal)} = \text{이상체중의 필요 칼로리 섭취량} \times \frac{\text{이상체중}}{\text{현재의 체중}}$$

계산 예

이상체중: 5　1일 필요 칼로리: 420kcal

현재의 체중: 6　1개월 후의 목표 체중: 5.5

1일 필요 칼로리 × (이상체중÷1개월 후의 목표 체중) = 1일 칼로리량

$$420 \times (5 \div 5.5) = \text{약 } 381\text{kcal}$$

※ 같은 체중의 개라고 해도 운동량, 성별, 연령 등에 따라 다르다.

※ 1일 필요 칼로리 섭취량은 89쪽의 표를 기준으로 한다.

운동보다 칼로리 다운

필요한 영양소는 충분히 급여하면서 칼로리 섭취량을 줄이는 것이 개의 이상적인 다이어트 방법이다. 식사와 함께 신경 써야 할 부분은 간식. 직접 간식을 주지 않는다고 해도 가족이 조금씩 주거나 '조금이라면 괜찮아'라며 주게 되면 섭취 칼로리가 상당해진다. 반려견의 다이어트에는 가족 모두의 협조도 필요하다는 것을 염두에 두자.

개는 '나 지금 다이어트 중'이라는 생각은 하지 못한다. 지금까지 먹었던 것을 갑자기 주지 않으면 스트레스가 쌓이게 된다. 칼로리를 줄여도 개가 만족할 수 있도록 연구해보자.

리더가 누구인지를 이해시키는 데에도 중요한

건강 유지를 위한 운동의 기본

운동(산책)의 주요 목적과 주의사항

목적

❶ 건강 유지를 위해서
❷ 예절을 익히게 하기 위해서
❸ 다른 개나 환경에 적응시키기 위해서
❹ 스트레스 발산, 문제행동을 예방하기 위해서
❺ 반려인과의 커뮤니케이션을 위해서

리더워크를 몸에 배게 한다.

개가 멋대로 앞서 나가려고 할 때마다 방향을 바꿔서 개가 반대로 걷게 한다. 개의 얼굴을 보지 말고 살며시 한다. 리드는 당기지 않고 느슨하게 한다.

주의사항

❶ 최소한의 훈련을 해둔다
주워 먹는 것을 방지하기 위해서 '안 돼' '그만' 등의 명령으로 개가 말을 잘 듣도록 평소 훈련을 한다. 공원 등에서 리드를 벗길 때에도 '이리와'가 가능하다면 안심.

❷ 싫어할 때에는 억지로 시키지 않는다
산책을 가고 싶어 하지 않고 산책 중에 주저앉거나 뛰기를 싫어하는 경우 등에는 심장이나 관절에 질병이 있을 가능성도 있다. 고령견이나 질병이 있는 개는 수의사와 운동량을 상담한다.

❸ 기온, 날씨를 고려한다
태양과 아스팔트의 열기로 열사병에 걸리거나 화상을 입을 가능성이 있으므로 여름 한낮의 산책은 가능한 피한다. 비가 오거나 너무 추운 날에도 억지로 하지 않는다.

❹ 시간을 정하지 않는다
시간을 정해버리면 산책을 나가지 않는 날에도 개가 재촉을 하게 된다. 재촉을 당하더라도 개와 상관없이 반려인은 주도권을 잡아야 한다.

❺ 산책과 배설은 따로
산책 중에 배설하는 버릇을 들이게 되면 그때밖에 배설하지 않게 되는 경우가 있다. 산책을 나가기 전에 미리 배설을 시킨다.

외부 공기와 접촉을

대부분의 건강한 개는 산책을 매우 좋아한다. 산책에는 적당하게 몸을 움직여 비만을 막고, 자유롭게 뛰어다녀 스트레스를 발산시키고 다른 개나 사람에게 익숙해지게 하기 위해서 등 다양한 목적이 있다.

잘 때나 부재중에 대부분의 시간을 케이지 안에서 보내는 실내견들에게 외출은 스트레스를 발산시켜 마음까지 건강하게 유지할 수 있는 중요한 시간이다. 매일아침 30분 정도라도 밖으로 데려가자.

개의 산책에는 건강유지와 스트레스 발산, 사회에 익숙해지도록 하기 위해서 등의 목적이 있다. 건강한 몸과 마음을 유지하기 위해서 운동을 좋아하는 반려견으로 키워보자.

산책루트 안전체크

✓ 전봇대

다른 개가 마킹하는 일이 많은 전봇대. 냄새를 맡는 것까지는 괜찮지만 핥지 않도록 주의를 준다. 소변이 있는 경우에는 가까이 다가가지 않게 한다.

✓ 쓰레기·음식물

썩은 것을 입에 물거나 유해물질을 삼킬 위험이 있다. '안 돼' '그만' 등의 지시로 입에 넣는 동작을 멈추는 훈련을 철저하게 시킨다.

✓ 다른 개, 사람

사이가 나쁜 개와의 싸움에 주의한다. 서로 친하지 않다면 만나지 않는 코스로 변경한다. 개가 싫어하는 사람 근처에서는 리드를 짧게 잡고 피해를 주지 않도록 배려한다.

✓ 자전거·자동차

자전거 · 자동차 등에 부딪쳐 머리를 다치는 사고에 주의한다. 갑자기 사람이 나타나 놀라서 짖거나 물지 않게 한다. 리더워크를 몸에 배게 하면 안심할 수 있다.

✓ 하수구·통풍구

하수구 · 통풍구 구멍에 발이 빠지면 순식간에 큰 상처를 입을 수도 있다. 하수구 · 통풍구 위를 걷지 않도록 주의한다. 반려인이 멈추면 개도 멈추도록 잘 훈련시켜두면 된다.

✓ 식물, 가로수

먹으면 위험한 식물에 주의한다. 일단 먹어버렸다면 삼킨 종류를 수의사에게 알려준다. 가로수에 몸이 쓸려 상처가 나거나 풀에 제초제가 묻어 있는 경우도 있으므로 확인한다.

다이어트가 목적인 운동 방법

1단계

단거리부터 시작

개가 익숙한 집 주변을 주회코스로 선택하여 500m 전후의 거리를 천천히 걷자. 개가 서두를 수도 있지만 몸에 부담이 가므로 20여 분에 걸쳐 천천히 걷는다.

2단계

1단계와 같은 거리를 단시간에

1단계와 비슷한 거리를 조금 페이스를 빨리 해서 걷는다. 20분에 걸쳐 걸었던 거리를 15분 정도에 걸어보자. 이때 페이스가 빨라지지 않아도 초조해하지 말 것. 느긋하게 받아들이자.

3단계

반환 지점을 설정

휴식을 취할 수 있는 공원이나 광장을 반환 지점으로 설정하여 왕복 2km 정도의 코스를 걸어보자. 처음에는 20분 정도 걸은 곳에서 휴식을 취하고, 반환해도 상관없다. 조금씩 거리를 늘려보자.

4단계

일정 시간 내 일정 거리 걷기

일정 거리를 일정 시간 내에 걸을 수 있도록 정한다. 2km 걷는 데 2시간 정도가 기준이다. 코스를 선택할 때에는 매끈한 오르막길이 있으면 더 좋다. 내리막길은 개에게 부담이 크므로 피하도록 한다.

다이어트를 목적으로 하는 운동에서 주의할 점!

- 지금까지 이상으로 운동량을 늘려야 한다.
- 결과에 초조해하지 말고 느긋하게 대한다.
- 억지로 강요하지 않는다.
- 비탈길을 걷는 경우 내리막길은 부담이 크므로 가능한 피한다.

개의 페이스에 맞춰 천천히

살이 찐 것만으로도 개의 몸에는 상당한 부담이 된다. 그렇다고 급하게 운동량을 늘리는 것은 오히려 위험하다. 등뼈나 관절, 내장에 가해지는 부담을 생각한다면 운동량은 지금까지 하던 대로 하거나 조금 늘리는 정도가 적당하다.

살이 쪄서 걷는 것을 싫어하고 움직이기 싫어하는 개나, 관절이나 심장이 악화된 개의 경우에는 단 몇 분의 산책으로도 효과가 있다. 조금씩 천천히 개의 페이스에 맞춰서 느긋하게 대처하면서 걷는 거리를 서서히 늘려간다. 너무 더운 날이나 추운 날, 비가 오는 날에는 개가 느끼는 부담이 크므로 무리해서는 안 된다.

평소에 운동을 해서 살이 너무 찌지 않도록 하는 것이 가장 바람직하다.

실내나 공원에서는 이런 운동을

공원에서 프리스비 잡기

프리스비를 처음 하는 개에게는 짧은 거리에서부터 잡는 방법을 가르친다. 잡는 방법을 습득했다면 반려인이 있는 곳까지 가져오도록 가르친다.

도그런에서 달리기

도그런에서는 리드를 풀고 자유롭게 뛰어놀게 할 수 있다. 다른 개와의 교제의 장이기도 하고, 즐겁게 운동을 할 수 있다.

바다나 강에서 헤엄치기

개는 기본적으로 헤엄을 잘 치는 만큼 물을 무서워하지 않는다면 물놀이도 효과적인 운동이다. 간혹 물을 싫어하는 개도 있으므로 억지로 강요하지 않는다.

실내에서 공놀이

작은 공을 던지고 가져오게 하거나 축구공 등의 큰 공을 굴리며 쫓아가게 하는 등 다양한 연구가 가능한 공놀이가 좋은 곳.

실내에서 술래잡기

반려인이 술래 역할을 하며 쫓아가거나 개가 도망치는 반려인을 쫓아오게 하면서 논다. 반려인과 스킨십을 할 수 있기 때문에 개는 매우 좋아할 것이다.

× 주의!!

로프나 끈을 사용한 놀이는 개의 무는 버릇을 조장할 수도 있으므로 하지 않는다.

반려인이 반드시 이기는 것이 포인트

개가 계속 이기면 자신이 반려인보다 서열이 높다고 착각하기 쉬우므로 반드시 반려인이 이겨야 한다.

즐기면서 몸을 움직이게 한다

비만이나 스트레스를 미연에 방지하는 의미에서도 적당한 운동은 중요하다. 개와 많이 놀아주는 것 자체가 운동이 되므로 즐기면서 몸을 움직일 수 있는 환경을 만들어준다. 단 바닥이 마루인 경우 잘 미끄러지기 때문에 다리에 부담이 큰 만큼 지나치게 하는 것은 주의한다. 직립으로 세우는 등 부담이 큰 동작도 시키지 않는다.

뛰고 싶어 하지도 않고 갑자기 주저앉아서 걷지 않으려 하고, 운동 후에 호흡이 쉽게 가라앉지 않는 등의 증상을 보인다면 심장이나 관절의 질병 때문일 수도 있다. 평소와 다르게 느껴지는 점이 있다면 그냥 넘기지 말고 되도록 빨리 수의사에게 상담한다.

심리 문제의 케어 대책

문제행동 ❶ 불안에 의한 경우

부재중에 실내를 어지른다

원인 반려인이 외출해서 쓸쓸하고 불안한 것이다. 함께 외출한다고 생각했는데 두고 나가서 실망한 것 등이 원인일 할 수 있다.

대처법 "다녀올게", "다녀왔어" 등의 말들은 반려인의 부재를 강조하는 것이므로 외출 전후에는 한동안 개를 무시하는 정도가 좋다. 외출 시간을 서서히 늘려서 익숙해지게 한다.

밤에 운다

원인 개가 밤에 우는 이유는 대부분 쓸쓸하기 때문이다. 강아지가 새로운 환경에 적응하지 못한 경우에도 밤에 울기도 한다.

대처법 우는 것을 멈추게 하려면 곁에 딱 붙어 있으면 안 된다. 불안의 원인이 되는 소리로부터 잠자리를 멀리 떨어뜨리거나 반려인의 존재를 느낄 수 있는 장소로 이동시킨다.

아무 데나 배설한다

원인 화장실 훈련이 되어 있는 경우에도 반려인의 부재에 따른 불안이나 불만 때문에 일부러 화장실이 아닌 곳에 배설하는 경우가 있다.

대처법 반려견에게 배설한 장소를 청소하는 모습을 보여주면 반려견은 '자신에게 흥미가 있다' '주도권이 자신에게 있다'라고 생각하게 된다. '실내를 어지른다'의 경우와 마찬가지로 혼자 있어도 불안해하지 않을 환경을 만들어주어야 한다.

큰소리를 무서워한다

원인 불꽃놀이, 비행기, 천둥 등의 갑작스러운 소리, 익숙하지 않은 소리에 놀라 불안이나 공포로 패닉이 되는 것으로 보인다.

대처법 반려견이 무서워하는 소리를 끈질기게 익숙하게 만든다. 녹음한 소리를 들려주면서 간식을 주는 등 소리가 들려도 무서운 일이 일어나지 않는다고 이해시키는 것이 중요하다.

개의 심리적 질병은 반려인의 문제

개가 문제행동을 일으키는 것은 말로 전달하지 못하는 대신에 행동으로 무언가를 호소하는 것이라고 이해하자. 개에게도 희로애락의 감정이 있고 마음이 있기 때문이다. 문제를 일으킨다고 해서 고함을 지르거나 야단치거나 때려서 말을 듣게 하는 것은 말도 안 되는 짓이다. 일단 원인을 찾아보는 것이 중요하다. 외로운 것인지 불안한 것인지 화가 나 반려견이 일으키는 문제행동. 일괄적으로 생각하지 말고 그 원인을 탐색해보자.
원인을 알면 올바른 대처법을 발견할 수 있을 것이다.

문제행동 ❷ 영역을 지키려고 하는 경우

실내에 마킹을 한다

원인 집에 손님이나 다른 개가 출입했을 때 등 자신의 영역을 지키려고 하는 경계본능에서 마킹을 하게 된다. 자기주장의 표현이다.

대처법 마킹된 장소는 깨끗이 청소를. 복종훈련을 다시 철저히 하고 다른 사람이나 개에게 익숙하게 만드는 것도 중요하다. 수컷의 경우 중성화 수술을 하면 마킹을 하지 않게 되기도 한다.

손님이나 다른 개에게 공격적이다

원인 손님이나 외부인에게서 영역을 지키려는 본능이거나 다른 개에게 공포를 느끼고 허세부리는 경우도 있다.

대처법 제멋대로 키운 것도 원인 중 하나이다. 복종훈련을 다시 한다. 손님이나 배달원이 왔을 때 귀여워하고 즐거운 일이 있다고 인식시키는 것도 한 가지 방법이다.

있는 것인지 그 원인을 이해한다면 올바른 대처가 가능하므로 사랑하는 반려견의 심리적 질병을 제거할 수 있다. '이 애는 못쓰겠다'라며 방치하지 말고 애정을 담아 대하자.

또 훈련이 철저하게 되어 있지 않거나 반려인이 개를 대하는 방법에 문제가 원인인 경우도 있다. 애견의 심리적 문제는 반려인의 책임이라는 것을 잊지 말고 평소의 접촉 방법을 개선해보자.

문제행동 ❸ 욕구불만 · 스트레스에 의한 경우

탈주·도주 버릇이 있다

원인 발정기에 상대를 찾는 경우가 대부분인데, 산책에 데려가주지 않는 등 스트레스가 원인인 경우도 있다.

대처법 번식을 바라지 않는다면 중성화 수술을 받는 것도 방법이다. 그 이외의 경우에는 커뮤니케이션을 많이 하거나 산책 등으로 운동을 시키면 해결할 수 있다.

정신없이 땅을 판다

원인 구멍을 파는 것은 개의 본능적인 행동이지만 지나치게 무아지경으로 땅을 파는 경우에는 스트레스를 의심해볼 수 있다.

대처법 스트레스의 원인이 되는 것을 제거해주는 것이 가장 좋은 대처 방법이다. 하우스의 위치를 바꾸고 기분전환을 시켜주는 것도 좋다. 실컷 운동을 시키는 것도 좋은 방법이다.

의미 없는 행동을 반복한다.

원인 혼자 있는 시간이 너무 길거나 반려인이 상대해주지 않는 스트레스라고 하는데, 자세히는 알 수 없다.

대처법 개와 접촉하는 시간을 늘리고 지금보다 애정표현을 많이 해주자. 그래도 개선되지 않는 경우에는 뇌나 신경의 질병이 원인이 되는 증상일 수도 있으므로 동물병원에 상담한다.

반려인에게 공격적으로 대한다

원인 자신을 가족의 리더로 착각하는 것이 원인이다. 심해지면 물기도 하므로 주의가 필요하다.

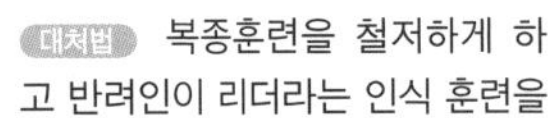

대처법 복종훈련을 철저하게 하고 반려인이 리더라는 인식 훈련을 다시 할 필요가 있다. 간혹 어디가 아파서 만지는 것을 피하기 위해 위협하는 경우도 있다. 원인을 잘 파악해서 대처하자.

밥을 먹다가 위협한다

원인 이것도 자신이 리더라고 착각할 때 하는 행동이다. 식사 중에 식기를 치우려고 하면 물릴 위험도 있다.

대처법 개 앞에 빈 식기를 놓고 "앉아!"를 시킨다. 이 훈련이 되면 한입만큼의 식사를 놓고, "기다려!"를 한 후 제대로 되면 먹게 하는 것을 반복한다. 자기보다 서열이 높은 사람이 주고 있다는 자각을 심어준다.

다른 개와 싸운다

원인 사회화기(생후 2개월~6개월)에 다른 개와 충분히 접촉하지 않으면 공격적이 되기 십상이다. 겁쟁이인 개가 무서운 나머지 선제공격을 하는 경우도 있다.

대처법 반려인 앞에서 싸움을 시작하는 것은 자신에게 주도권이 있다고 착각하기 때문이다. 이때 "안 돼!" 하고 제지하면 반려인이 응원하는 것으로 착각할 수 있으므로, 리드를 잡고 계속 걷는 것이 올바른 방법이다.

달려든다

원인 개가 달려드는 것은 상대를 자신과 동순위이거나 자신보다 아래라고 판단하기 때문이다. 아이에게 달려들면 위험하다.

대처법 놀라거나 저항하는 것은 역효과만 일으킨다. 이럴 때에는 완전히 무시하는 것이 최선이다. 눈도 마주치지 않도록 하고, 벽이 있을 때에는 벽 쪽을 향하는 것도 효과적이다.

문다

원인 강아지 때 깨물깨물하는 것을 방치하면 커서도 자신의 힘을 나타내는 수단으로 물게 된다.

대처법 강아지 때 깨물기를 허용하지 않는 것이 중요하다. 커서도 무는 버릇이 고쳐지지 않은 경우에는 복종훈련을 다시 해서 물면 안 된다는 것을 가르쳐야 한다.

권세증후군에 주의!

권세증후군이란 복종 본능이 저하되어 자신을 보스라고 주장하는 권세본능이 발달하여 다양한 문제행동을 일으키는 증상을 말한다.

- 반려인의 기분을 살피듯이 얼굴을 보는 일이 없다.
- 산책 중에 억지로 코스를 바꾸려고 한다.
- 으르렁거리면서 식사나 산책을 재촉한다.
- 훈련을 하려고 하면 위협한다.
- 손님에게 공격적으로 대한다.
- 다른 사람이나 개, 반려인까지도 문다.

주종관계를 확실히 한다

개는 무리생활을 하는 동물인 만큼 반려인과 그 가족이 개에게는 무리가 된다. 때문에 새끼 때부터 귀여워만 하면 개는 자신을 보스로 인식하고 반려인의 명령에 복종하지 않을 수도 있다. 이것을 권세증후군(알파증후군)이라고 한다. 개가 싫어하니까, 무는 것은 장난이니까 등 귀엽게만 보고 꼭 필요한 훈련을 철저히 하지 않은 것이 원인이므로, 권세증후군이 의심되는 행동이 보이면 반려인이 리더임을 인식시키는 복종훈련을 끈기 있게 반복하자.

그 밖의 문제행동

주워 먹는다

원인 개는 원래 사냥을 해서 먹이를 습득했기 때문에 이 행위 자체는 개가 본래 갖고 있는 습성이라고 할 수 있다. 하지만 현대에는 입에 넣으면 위험한 것이 많기 때문에 금지시켜야 한다.

대처법 클립, 지우개 등이 떨어져 있지 않도록 실내청소를 철저하게 한다. 밖에서는 멋대로 행동을 하지 않도록 리더워크를 몸에 배게 하는 것이 최선이다. 입에 넣기 전에 리드를 당겨 막는다.

자신의 변을 먹는다

원인 반려인과의 커뮤니케이션 부족, 불안, 호기심이나 영양부족, 주목받으려는 심리 등 다양한 원인이 있는 것으로 알려져 있다. 개의 변에는 기생충 알이나 전염병 균이 들어 있을 수 있으니 제지시켜야 한다.

대처법 개가 배변하면 변을 바로 치워야 한다. 도그푸드의 종류를 바꾸면 고쳐지는 경우도 있다.

쓰레기통을 뒤진다

원인 대개는 호기심에서 뒤지는 경우가 많은데, 개에 따라서는 놀이로 느끼기도 하므로 삼키지 않도록 관리가 필요하다.

대처법 집에 있는 쓰레기통은 개가 열 수 없는 타입으로 바꾸고 자주 버린다. 밖에서는 리드를 위로 당긴 후 무시하는 등 쓰레기를 뒤지면 싫은 일이 생긴다는 인식을 심어준다.

목욕을 싫어 한다

원인 사회화기에 물에 적응하는 훈련이 되지 않았거나 사람과 접촉할 기회가 적었던 것 등이 원인이 되어 몸을 만지는 것을 싫어하는 개일지도 모른다. 과거에 목욕 중에 안 좋은 기억이 있었을 가능성도 있다.

대처법 젖은 수건으로 몸을 닦아주는 것부터 시작해서 몸에 물을 몇 방울 떨어뜨리면서 서서히 익숙해지게 만든다. 어디를 만져도 싫어하지 않도록 평소에도 스킨십 하는 것이 중요하다.

원인을 밝히는 것이 중요

개의 문제행동에는 다양한 원인이 있다. 같은 행동이라고 해도 영양부족 때문에 일으키는 경우, 지루해서, 개가 본래 가진 호기심의 발로, 질병의 한 증상 등 원인을 한 가지로 한정할 수 없다. 그렇기 때문에 매일 함께 지내고 반려견을 가장 잘 알고 있는 반려인이 밝혀내는 것이 해결의 지름길이다.

개의 문제행동은 어릴 때 훈련이 철저하게 되어 있다면 방지할 수 있는 것도 많다. 한 번 훈련한 것이 잘 되지 않으면 개를 둘러싼 환경이나 가족의 반응이 변화했기 때문일지도 모른다. 평소 스킨십이나 주거환경 등에 문제가 없는지 살펴보자.

동물병원에 대한 기초지식

좋은 동물병원을 선택하는 5가지 체크 포인트

❶ 원내가 청결한지

진료대는 물론 대합실이나 입원설비 등 시설 전체가 청결한지를 확인하자. 한 마리를 진찰할 때마다 소독하는지 등도 확인해야 한다. 눈에 보이는 더러움 외에 냄새도 확인하는 것이 포인트이다. 다른 동물의 냄새나 소독액 냄새가 나는 것은 일반적이지만, 심한 악취는 NG!

❷ 집에서 가까운지

명의라는 평판이 있는 동물병원이 있다고 해도 집에서 멀다면 단골로 삼기에는 부적합하다. 긴급한 상황에서 바로 데려갈 수 있는 것도 중요한 포인트이기 때문이다. 정기적인 건강검진 때마다 멀리까지 나가는 것은 경제적으로도 부담스럽다. 정기적으로 다닐 수 있는 거리인지도 병원 선택의 기준이 된다.

정보 수집은 최대한 많이

좋은 동물병원의 '좋다'는 기준은 라이프스타일이나 개의 성격, 견종 등에 따라서도 다르다. 일의 특성상 늦게까지 접수를 받는 병원이 좋다, 대형견을 차로 데려가야 하니 주차장이 없으면 곤란하다 등 조건을 만족시키지 않으면 다니기 힘들기 때문이다.

그중에서도 위에 열거한 다섯 가지 포인트는 공통적인 기준이라고 할 수 있다. 우선은 최대한 정보수집부터 한다. 인터넷으로 동물병원의 홈페이지를 열람하는 외에 '소문'을 들어보는 것도 효과적이다. 산책을 하면서 만난 다른 견주들에게서 좋은 병원에 대한 정보를 얻자. 개를 키우는 사람들끼리이므로 대체로 흔쾌히 응할 것이다.

개를 키운다면 단골 동물병원이 있는 것은 최소한의 조건이다.
어떤 것에 신경 써서 선택해야 할지 알아보자.

❸ 의사선생님이 들어주는 사람인지 말하는 사람인지

첫 진찰 시 주요 문진 항목(102쪽 참조)을 확인해주는지, 반려인의 설명을 끝까지 잘 들어주고 질문을 하는지, 병원이나 치료방침을 알기 쉽게 설명하고, 반려인의 동의를 얻는 것이 철저하게 되어 있는지는 중요한 판단근거가 된다.

병원을 좋아하는 아이로 만들기 위해서

일반적으로 개는 병원을 싫어한다. 그 때문에 수의사가 개를 대하는 방법도 중요한 판단근거가 된다. 개의 불안감을 불식시켜주고 애정을 담아 대하는 의사선생님이라면 병원은 싫은 일을 당하는 곳이 아니라고 받아들이기 때문에 병원을 좋아하게 된다.

동물병원 앞을 지나는 산책 코스를 설정해서 평소에 눈에 익혀두는 것도 좋은 방법이다. 질병에 걸리고 나서 당황하지 않도록 개가 건강할 때 단골로 다니는 병원을 만들어두자.

❹ 개를 대하는 태도에 애정이 있는지

개를 대하는 수의사의 태도는 어떠한가? 사무적으로 진찰을 하는 것뿐이고, 개가 싫어하거나 아파하는 것에 신경 쓰지 않는 것 같다면 반려견이 병원을 싫어하게 되기 십상이다. 개에게 자주 말을 걸어 커뮤니케이션을 하면서 안정시켜주는 선생님이라면 안심하고 맡길 수 있다. 단, 한 번만으로는 개가 경계해서 마음을 열지 않을 수 있으니 몇 차례 통원하며 살펴보는 것이 좋다.

❺ 적정 가격인지

동물병원의 치료비는 사람처럼 법률적으로 정해진 것이 없다. 병원에 따라 요금을 게시하지 않는 경우도 있는데, 꼭 그렇게 해야 한다는 방침이 없기 때문이다. 적정가격을 판단하기 위해서는 반려동물을 키우는 사람들과의 정보교환이나 같은 지역의 다른 병원 몇 곳 정도를 비교해보는 것이 좋다.

건강하더라도 정기적으로

동물병원을 찾는 것은 반려동물이 병에 걸렸을 때만이 아니다. 초보자로서는 알 수 없는 질병을 발견할 가능성이 있으므로 보기에는 건강하더라도 정기적으로 건강검진을 받을 필요가 있다. 질병이라고는 할 수 없는 사소한 걱정거리도 이 기회에 수의사에게 문의하자.

❶ 접수

동물병원에 따라 다르지만 처음 진료를 받을 때나 오랜만의 진료일 때에는 문진표를 기입하는 곳이 대부분이다. 개의 이름, 연령, 성별, 몸의 상태 등을 기입한다.

❷ 문진

기입한 문진표를 바탕으로 수의사가 다시 건강상태, 진료 이유 등을 질문할 것이다. 가능한 정확하게 대답하도록 한다.

주요 질문 내용

· 개의 생년월일
· 성별
· 실내사육인지 실외사육인지
· 급여하는 음식물의 종류, 내용, 횟수
· 키우는 동물이 더 있는지
· 지난번 백신 접종일
· 중성화 수술의 유무 등

❸ 촉진·검온

수의사가 눈, 코, 귀, 이, 피모, 피부 등을 보고 만져서 건강상태를 확인한다. 그 후 청진기로 심장 소리를 듣고 이상 유무를 확인하고, 항문에 체온계를 넣어 체온을 잰다. 개가 촉진을 싫어할 때에는 개의 눈높이에 맞춰 주저앉아 말을 걸며 안심시킨다.

❹ 채혈

주사기로 피를 채취하여 혈액검사를 한다. 개가 싫어해도 억지로 누르지 말고 말을 걸면서 안정시킨다.

❺ 대변·소변검사

대변이나 소변은 병원에 도착한 후에는 채취하기 힘들기 때문에 건강검진 당일에 집에서 채취한 것을 지참하는 것이 좋다. 정확한 정보를 전달하기 위해서 평소 배설횟수나 양, 대변이나 소변의 상태를 전달할 수 있도록 잘 살펴보자.

❻ 계산·약 접수

개의 상태에 따라 예방접종 등을 마쳤다면 계산을 하고 약을 받는다. 이때 명료하지 않은 청구가 없는지 살펴보고 의심스러운 부분이 있다면 확인하는 것이 좋다. 약을 먹이는 방법도 확인한다.

필요에 따라 하는 검사 등

정밀검사로 세부적인 진단

촉진만으로는 알 수 없는 체내의 변화를 확진할 때나 의심되는 질병을 보다 자세히 알아보기 위해서 다양한 기기를 사용해서 진단한다. 기기의 충실함은 동물병원에 따라서도 차이가 있지만, 단골 병원에 설비가 없는 경우에는 사람과 마찬가지로 설비가 있는 병원에 소개장을 받아서 가도록 한다.

엑스레이 검사

골절이나 탈구, 관절염 등 뼈의 질병, 오식한 이물질을 확인할 때, 폐렴이나 기관지염 등의 호흡기 질병이 의심될 때, 심장이나 간장 등 내장의 상태를 확인할 때, 종양의 발견, 이빨 치료 등 많은 경우에 사용된다.

심전도 검사

심장의 조율이나 부정맥의 유무 등을 확인하여 심장병을 조기 발견하는 데 도움이 될 수 있다. 혈액검사, 초음파검사 등의 검사와 조합하면 심장병의 종류, 증상의 정도, 진행 상태, 수명 등을 판단할 수가 있다.

CT 검사

코, 귀를 포함하는 두부의 이상(종양 등), 흉복부의 종양이나 전이 확인, 골격의 이상, 이물의 확인 등에 이용된다. 엑스레이를 360°로 조사할 수 있기 때문에 엑스레이보다 다각도에서 몸 내부를 확인할 수 있다. 전신마취 필요.

MRI 검사

자기를 이용해 체내를 촬영하고 컴퓨터로 영상화하는 기기로, 엑스레이나 초음파로 파악할 수 없는 이상을 확인할 수 있다. 뇌종양이나 추간판 헤르니아 등 척추의 질병 검사에 이용되며 전신마취를 해야 한다.

주사

의무로 규정되어 있는 광견병의 예방접종, 각종 감염증의 예방이 되는 혼합백신의 접종 외에 당뇨병의 치료(인슐린 주사), 항생물질의 투여 등은 치료의 수단 중 하나이다.

초음파 검사

에코검사라고도 하며 엑스레이 검사(뢴트겐 검사라고도 한다)로 알기 힘든 부신이나 신장, 담낭 등의 이상을 검사할 때 사용한다. 심장병 검사나 임신 시의 검사, 자궁의 질병 체크 등에도 이용된다.

진료 시 바람직한 반려인의 자세

❶ 필요한 훈련이 되어 있다

다른 개나 사람이 있는 동물병원의 대합실에서는 얌전히 순서를 기다리는 것이 매너이다. 리드를 풀고 자유롭게 돌아다니게 해서는 안 된다. 간혹 개가 의자나 소파에 직접 올라오는 것을 싫어하는 사람도 있으므로 소형견은 무릎 위에, 대형견 반려인의 발밑에 앉히는 것이 좋다. 개가 흥분해 있다면 몸을 부드럽게 쓰다듬으며 말을 걸어주고 진찰 순서가 돌아올 때까지 얌전해지게 만든다.

❷ 진료시간, 휴진일을 파악해둔다

당연한 것 같지만, 진료 시간, 휴진일을 파악하는 것은 반려견에게 긴급한 질병이 발생했거나 사고가 났을 때 당황하지 않기 위해서도 중요하다. 다니는 병원이 구급 시 대응을 해줄 수 있는지도 사전에 확인하자.

❸ 진료 전에 예약한다

정기적인 건강진단 외에 긴급을 요할 때야말로 병원에 전화를 걸어야 한다. 전화를 통해서 진찰 목적, 반려견의 증상 등을 미리 전달하면 동물병원에서도 치료에 필요한 준비를 할 수 있기 때문이다. 진료시간 외에 반려견의 상태가 나빠졌을 때에도 갑자기 방문하지 말고 전화로 먼저 상담하는 것이 좋다.

❹ 반려인의 상황을 우선으로 하지 않는다

상태가 나쁜 것은 반려인이 아니라 개 쪽이다. 말을 하지 못하고 혼자서 병원에 가지 못하는 개를 대신해서 병원에 데리고 가는 것도 반려인의 의무이다. '바쁘니까 다음에 하자' '아무 데도 아픈 데가 없어 보이니 이번 달에는 정기검진을 가지 않아도 되겠다' 등 반려인 쪽 사정을 우선시하지 않아야 한다.

만지는 것에 익숙해지게 만든다

동물병원에는 익숙하지 않은 기기가 많고, 다른 개가 많이 있거나 약품 냄새 등이 나는 독특한 공간이다. 처음 갔을 때의 인상이 나쁘면 다음부터는 들어가기를 싫어할지도 모른다. 항상 갖고 노는 장난감을 소지하는 등 병원을 좋아하게 만드는 연구를 해보자. 또 진찰 시에는 수의사가 개의 곳곳을 만지게 된다. 진찰을 매끄럽게 하기 위해서도 만지는 것을 싫어하지 않도록 어렸을 때부터 익숙하게 하자.

❺ 반려견에 대한 데이터를 파악해둔다

문진 시 반려견의 나이, 성별, 급여하는 음식의 종류, 지난번 백신 접종일 등 기본정보를 정확하게 대답할 수 있도록 한다. 문진만으로도 어느 정도 질병을 파악할 수 있는 판단근거가 되어 수의사에게 도움이 된다. 반려견의 데이터 노트를 만들어 진찰 시에 지참하는 것도 좋다.

❻ 토사물, 변 등을 지참한다

반려견이 토한 것이나 대변, 소변에는 질병을 특정할 수 있는 중요한 정보가 담겨 있다. 이상을 발견할 수 있는 변이나 토사물은 가능한 지참하도록 한다. 고형이라면 한 조각 정도를 밀폐용기에 넣거나 알루미늄호일에 싸고, 소변이나 설사 등은 트레이 시트째 봉투에 넣어 가져간다. 산책 중에 소변에 이상을 느꼈다면 휴지에 묻혀 지참한다.

❼ 증상을 구체적으로 전달할 수 있도록 준비한다

적절한 진단과 재빠른 대처, 치료에 빼놓을 수 없는 것이 반려인에게서 들은 '구체적인 정보'이다. 수의사는 반려견의 나이 등의 기본 데이터와 반려인에게서 들은 상세한 증상 보고를 근거로 의심되는 질병을 탐색한다. 예를 들어 단순히 '밥을 먹지 않는다'라고 전하는 것이 아니라, '언제부터 먹지 않게 됐는지', '음식을 바꿨는지', '식사 이외에 먹은 것은 있는지' 등 보다 상세한 정보를 전달한다. 그러기 위해서는 반려견의 평소 상태를 파악하고 있는 것이 중요하다. 단골 병원이 있다는 것은 수의도 평소 상태를 알고 있다는 의미에서도 중요하다.

약의 기초지식과 예방접종

약효별 · 주요 약의 종류

• 알레르기용 약

알레르기성 피부염 등의 치료에 사용하는 약이다. 항히스타민제, 부신피질스테로이드제 등이 있다.

• 대사성 의약품

간장질환용제, 해독제, 당뇨병용제 등 주로 간장 기능을 개선하는 약을 말한다.

• 생물학적 제제[製劑]

백신, 혈청, 혈액제제 등과 같이 면역 시스템을 이용한 치료를 위해 사용되는 약이다.

• 구충 · 살충제

벼룩이나 진드기 등의 외부기생충, 회충이나 심장사상충 등을 구제하거나 예방하는 약. 내복이나 외용, 주사약 등이 있다.

• 외용약

벌레에게 쏘이거나 물린 데, 찰과상 치료, 살균소독 등을 위해 피부에 바르거나 칠하는 약이다. 연고, 액제, 스프레이 등의 종류가 있다.

• 순환기용 약

심장이나 혈관에 관한 약이다. 심장 기능을 개선하는 강심약 외에 혈압강하제, 이뇨제, 혈관확장제 등이 있다.

• 혈액체액용 약

지혈제, 혈액응고 저지제, 혈관강화제 등 주로 혈액에 작용하는 약이다. 윤액용도 포함된다.

• 신경용 약

마취제, 수면진정제, 해열진통소염제 등의 신경에 작용하는 약이다. 눈이나 귀 등의 감각기관용의 약도 포함된다.

• 항생물질

세균이나 곰팡이에 의한 감염증 치료에 사용된다. 제균성 타입과 살균성 타입이 있고, 살균 종류나 감염부위에 따라 선택된다.

• 소화기용 약

지사제(설사를 멈추는 약), 하제(설사약), 관장제, 정장제, 위장약 등 주로 위장 치료에 사용하는 약을 말한다.

• 호르몬제

호르몬 분비의 이상으로 일어나는 질병에 사용되는 약이다. 뇌하수체 전엽호르몬제제, 갑상선 호르몬제 등이 있다.

• 비타민 · 자양강장제

비타민 A제, C제, 혼합비타민제 외에 아미노산제제 등 소위 보충제를 말한다.

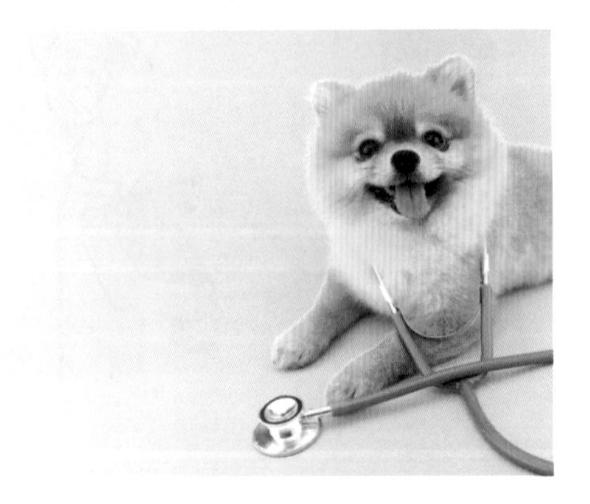

반드시 수의사의 지시에 따를 것!

개에게는 동물용 의약품이 있는데, 개의 치료에 사람용 의약품을 사용하는 일이 적지 않다. 하지만 집에 있는 사람용 약을 초보자가 자체적으로 판단해서 개에게 주는 것은 위험하다. 반드시 병원에 진찰을 받은 후에 약을 처방받아야 한다. 또 양, 횟수, 간격 등도 반드시 수의사의 지시에 따르도록 한다. 약을 사용한 후 상태가 나빠지는 등의 부작용으로 보이는 경우나 수의사에게서 사용을 중지해도 된다고 허가받은 경우를 제외하고는 지시받은 기간에는 약을 계속 사용해야 한다.

타입별 · 약의 종류 다루는 방법

• 점안제

항염증제, 항균제, 녹내장 치료제 등 대부분의 안약은 점안 타입이다. 증상에 따라서는 눈연고를 사용하기도 한다.

넣는 방법

점안제를 든 손으로 눈꺼풀을 벌리고 점안기 끝이 눈에 닿지 않도록 점안한다.

• 연고 · 크림

세균감염을 동반하는 귀의 습진이나 피부염, 감염에 의한 눈의 염증 등에 이용되는 항생물질, 피부진균증에 사용되는 항진균제 등이 있다.

바르는 방법

손을 씻고 환부의 털을 가르고 바깥쪽에서 안쪽으로 바른다. 면봉에 묻혀서 발라도 된다.

• 가루약

정제나 캡슐보다 종류는 적지만 가루나 과립 타입의 약도 있다. 먹이기 어렵기 때문에 연구해야 한다.

먹이는 방법

입을 다물게 한 뒤 뺨을 잡아당기고 이빨과 뺨 사이에 가루약을 넣는다.

뺨을 다물게 하고 바깥쪽에서 문질러서 가루약을 침과 섞어 삼키게 한다.

이렇게 먹이는 방법도 있다

① 물에 녹여서

물에 녹여 물약처럼 스포이트를 사용해서 먹인다.

② 음식에 섞어준다

음식이나 요구르트에 섞어서 준다. 간혹 눈치를 채고 먹지 않는 개도 있다.

• 물약

알약이나 가루약을 잘 먹일 수 없거나 먹는 것을 싫어하는 경우에는 물약이나 시럽 등도 처방받을 수 있다.

먹이는 방법

코끝을 살짝 위로 들게 하여 고정하고, 개의 이빨 뒤로 스포이트를 꽂고 물약을 흘려 넣는다.

코끝을 들게 한 채 고정하고 약을 삼킬 때까지 목을 문질러준다.

• 알약 · 캡슐

먹이는 약은 주로 정제약이며 캡슐도 있다. 약의 종류는 각종 항생물질, 염증이나 통증을 완화시키는 소염진통제 등이 있다.

먹이는 방법

한 손으로 위턱을 잡고 입을 벌리게 한 후 최대한 입속 깊숙한 곳에 알약을 넣는다.

입을 다물게 하고 코끝을 위로 들게 한 후 몇 초 동안 손을 떼지 않은 상태로 지켜본다. 목을 문질러주는 것도 좋다.

예방접종의 종류와 주의사항

백신으로 예방할 수 있는 질병

• **홍역**(205쪽)
개의 대표적인 전염병 중 하나인 홍역은 공기로 감염되는 바이러스성 질병이다. 병든 개의 콧물, 눈곱, 소변 등에 들어 있는 개 홍역바이러스가 병원체이다. 신경이 침범당한다.

• **전염성 간염**(207쪽)
병에 걸린 개의 대변이나 소변, 타액, 오염된 식기 등을 통해 경구감염되고, 체내에 침입한 바이러스가 간장의 기능을 저해하는 질병이다.

• **켄넬코프**(209쪽)
개 아데노바이러스 2형, 개 파라인플루엔자바이러스 등이 기침이나 재채기에 의해 공기로 감염되어 발병한다. 기침이나 재채기, 콧물 등 호흡기계 증상이 나타난다. 증상은 가벼운 것이 많지만 감염력은 강하다.

• **파보바이러스 감염증**(207쪽)
개 파보바이러스의 경구감염에 의해 발병한다. 심한 설사, 구토를 일으키며 쇠약해지는 장염형, 새끼가 돌연사하는 심근염형이 있다.

• **렙토스피라 감염증**(212쪽)
감염동물의 소변에 렙토스피라라는 세균이 배설되어 감염원이 된다. 요독증, 신염 등을 일으키는 카니콜라형, 황달 등을 일으키는 황달출혈성 렙토스피라형이 있다. 인간에게도 감염된다.

광견병예방접종

광견병은 사람에게도 전염되는 무서운 질병이다. 발병하면 100%에 가까운 치사율에 달한다. 일본에서는 법률상 접종이 의무화되어 있기 때문에 반드시 맞혀야 한다.

시기 생후 3개월 후에 첫 번째 접종. 이후 연1회(4월)의 추가접종이 의무이다. 봄 · 가을 지정 날짜가 있지만 평소에도 동물병원에서 맞을 수 있다.

요금 봄 · 가을 지정 날자에는 5,000원이며 그 외의 날에는 20,000원 전후.

혼합백신

감염되면 생명에 영향을 미치는 전염병을 예방하기 위한 것이다. 접종은 반려인의 희망에 따라 5종, 7종 등의 혼합백신이 있으니 어느 것으로 할지는 수의사와 의논하면 된다.

시기 생후 2개월경에 첫 번째, 3개월경에 2회째 접종을 하고 이후에는 연 1회의 추가접종을 맞히는 것이 이상적이다. 백신의 종류에 따라서는 연 2회 맞히는 것이 좋은 경우도 있다.

요금 5종 혼합백신은 25,000~35,000원, 7종 혼합백신은 병원마다 다르다.

전염병에는 만전의 예방책을

개의 전염병 중에는 생명과 관련된 심각한 질병이 적지 않다. 감염된 후 치료가 어렵고, 간혹 질병이 나은 후에도 후유증으로 고생하기도 한다. 전염병에 대해서는 감염되기 전에 만전의 예방책을 강구하는 것이 최선이다. 광견병 이외의 전염병에 대해서는 백신 예방접종이 의무화되어 있지 않다. 하지만 확률이 낮다고 해도 발병한 반려견의 고통스러워하는 모습을 보고 싶지 않다면 가능한 접종하는 것이 바람직하다.

부위별로 알아보는 주요 질병

알아두면 좋은 내 강아지를 위한 질병 사전

긴 긴급한 질병
빈 빈도 높게 자주 걸리는 질병
노 노령견에게 많은 질병
자 자견에게 많은 질병
대 대형견에게 많은 질병
소 소형견에게 많은 질병
♂ 수컷에게 많은 질병
♀ 암컷에게 많은 질병

심장과 혈액 관련 질병

심장의 좌심실에서 펌프작용으로 밀려나온 혈액은 동맥에서 모세혈관을 거쳐 정맥으로 이동하여 우심방으로 돌아온다. 심장에 이상이 생기면 온몸의 증상도 나빠진다.

승모판 폐쇄부전

말티즈나 포메라니안 등 소형 실내견의 사인 중 탑을 차지하며, 심장병 중에서도 가장 많이 걸리는 질병이다. 승모판은 좌심방과 우심실 사이에 있는 2장의 판을 말하는데 이 판이 잘 닫히지 않게 되면서 일어난다. 심해지면 생명에도 지장을 주는 질병이다.

증상

한밤중부터 새벽녘에 걸쳐서, 또는 운동이나 흥분한 후에 목이 막힌 듯이 건조한 기침이 나오는 것이 초기증상이다. 질병이 진행되면 기침이 심해지고 간격이 짧아지며 한밤중 내내 계속된다. 쉽게 피곤해지고 산책이나 운동을 싫어하며 주저앉거나 실신한다. 심장이 비대해지고 심한 경우에는 공 모양으로 변형되어 폐에도 영향을 미치기 때문에 호흡곤란이나 폐기종 등을 야기하거나 발작을 일으켜 쓰러지기도 한다.

원인

노화와 더불어 승모판이 상처를 입어 약해지고 늘어나 판이 제대로 닫히지 않게 되는 것 등이 주요 원인으로 혈액이 역류하여 심장이 비대하다.

치료와 간호

나이를 먹으면서 발생하는 질병이기 때문에 완치는 불가능하다. 혈관확장제, 이뇨제, 강심제 등을 사용해 몸의 부담을 덜어준다. 조기발견, 조기치료가 장수의 비결이다. 기침이 나오거나 5살을 넘기면 검사를 받아보자. 원칙적으로 식사는 염분을 제한해야 하며, 심장병용 치료식으로 바꿔주는 것이 좋다.

심근증

심장 근육이 정상적으로 작용하지 않게 되어 발생하는 질병이다. 심근이 얇아지고 탄력이 없어지는 확장형과, 심근이 비대한 비대형이 있으며 개에게는 확장형이 대부분을 차지한다. 대형견에게 많이 보이며, 중증이 되면 돌연사가 발생하기도 하는 질병이다.

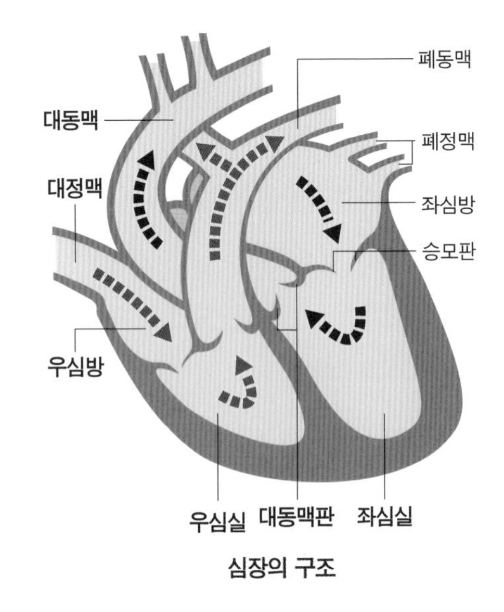

심장의 구조

증상

경증이라면 증상이 나타나지 않는 경우도 있지만 심기능이 약하면 배에 복수가 차서 부풀어 오르거나 맥박이 흐트러지거나 사지의 부종 등의 증상이 나타난다. 돌발적인 기침과 함께 호흡곤란에 빠지기도 하며 부정맥과 뇌의 혈류 저하 때문에 실신하거나 돌연사까지도 발생한다.

원인

확장형과 비대형 모두 전신에 혈액을 보내는 심기능이 저하되기 때문에 온몸에 다양한 이상이 발생한다.

치료와 간호

혈관확장제나 이뇨제 등으로 질병을 완화시키는 치료를 한다. 내복약은 장기적으로 복용해야 하는데 부작용을 걱정할 필요는 없다. 식이요법을 통해 질병의 진행을 억제시킨다.

심장사상충증

대표적인 심장 질병으로 심장사상충(개사상충)이라는 기생충이 심장이나 폐동맥에 기생해서 발생한다. 증상이 심해지면 호흡곤란을 일으키고 다른 장기에도 이상을 초래하는 중대한 질병인데, 중 · 대형견에서는 기생 수가 적으면 무증상으로 넘어가기도 한다. 모기가 옮기는 이 질병의 발병률은 현재 예방이나 환경 정비로 감소하기는 했지만 여전히 밖에서 사는 개의 사인 중 대다수를 차지하고 있다.

증상

심장사상충은 몸길이가 20~30㎝ 정도 되는 기생충으로, 심장과 그 주변의 굵은 혈관 속에 기생한다. 가벼운 기침으로 시작해서 질병이 진행되면 기침이 만성화되고 천식처럼 심해진다. 기침을 하면서 자극으로 복수가 차서 빵빵하게 부어오르기도 하며 호흡곤란이나 식욕부진, 운동을 싫어하는 등의 증상을 보이게 된다. 또 급성 심장사상충증으로 갑자기 심하게 호흡곤란이 오고 커피색 소변이 배출되기도 하고 심부전으로 생명을 잃기도 한다.

원인

모기가 감염된 개의 피를 빨아들일 때 혈액 속의 심장사상충 자충(미크로필라리아)도 함께 들이마신다. 심장사상충은 모기의 체내에서 성장하다가 모기가 다시 다른 개의 피를 흡입할 때 침을 통해 개의 몸으로 들어가고, 최종적으로 심장까지 도달한다. 대부분의 심장사상충이 혈액의 흐름을 방해하거나 심장 판의 움직임을 악화시키기 때문에 심장병의 증상이 나타난다.

치료와 예방

모기가 발생하는 지역에서는 현재도 감염될 소지가 있는 질병이다. 심장사상충증은 예방이 가장 중요한데, 벌레가 침입해도 예방약으로 구제할 수 있기 때문이다. 모기가 나오기 1개월 전부터 모기가 사라지는 1개월 후까지 적당량의 예방약을 먹인다. 치료는 성충이 기생해서 기침이나 복수 등의 증상이 나타날 때에는 증상을 완화시키기 위한 대증요법을 하는데, 심장 등에 기생한 심장사상충의 살충치료는 부작용을 동반하는 일이 적지 않다.

동맥관 개존증

심장에 이상을 갖고 태어나는 선천성 심장병 종류 중에서도 흔히 보이는 질병이다. 출생 후에 원래는 닫혀야 할 동맥관이 정상적으로 닫히지 않고 열려 있는 상태가 지속되는 질병이다.

증상

중증이 되면 금방 피곤하고 기침이나 구토, 호흡곤란 등의 증상이 나타난다. 치료를 하지 않으면 2~3년 후 대부분 사망하지만 6개월 내에 수술하면 정상견과 거의 다르지 않게 생활할 수 있다. 셔틀랜드 십독, 포메라니안, 미니어처 닥스훈트, 코기 등에게서 흔히 발견된다.

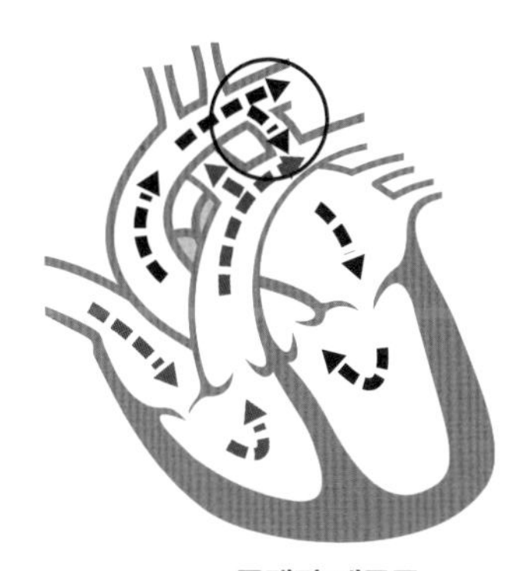

동맥관 개존증

원인

대동맥과 폐동맥을 연결하는 동맥관은 태아일 때에는 열려 있다가 생후 72시간 이내에 닫히는데 이 동맥관이 열려 있는 상태로 있으면 혈류에 이상이 생긴다.

치료와 간호

증상을 완화시키는 치료를 한 후에, 상태가 안정되면 전문의에게 수술을 받을 수 있다.

폐동맥 협착증

폐동맥의 입구가 좁아져 발생하는 질병이다. 이것도 선천성 이상 중에서는 발생 빈도가 높은 질병이다. 폐로 보내는 혈액이 부족하기 때문에 다양한 증상이 나타난다.

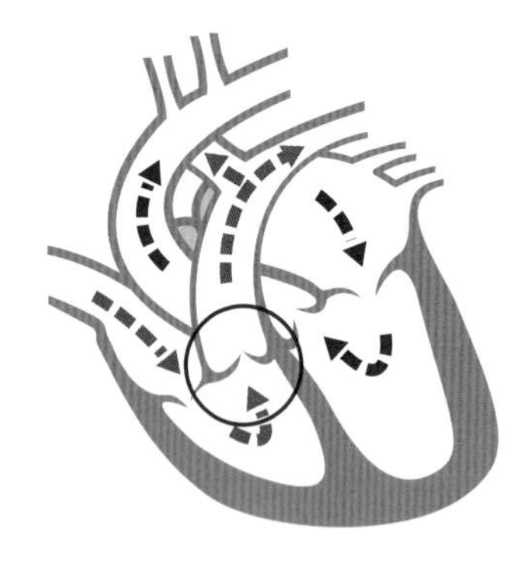

폐동맥 협착증

증상

가벼운 경우에는 쉽게 피곤해지는 정도지만 중증인 경우에는 호흡곤란이나 심한 기침, 부종 등이 생기고 심부전으로 사망하기도 한다.

원인

우심실의 출구가 좁아진 상태이기 때문에 혈액의 흐름이 나빠지고 우심실이 비대해져 순환부전이 일어난다.

치료와 간호

경도인 경우에는 증상을 완화시키는 치료를 하면서 상태를 살펴볼 수 있지만 심해지면 전문가에게 수술을 받아야 한다.

심실, 심방 중격 결손증

긴 빈 노 자 대 소 ♂ ♀

심장 좌우의 심실, 또는 심방 사이의 벽에 선천적으로 구멍이 뚫려 그 사이로 혈액이 역류하면서 발생하는 질병이다. 구멍이 작으면 증상이 나타나지 않는 경우도 있지만, 중증이라면 다양한 장애가 나타난다.

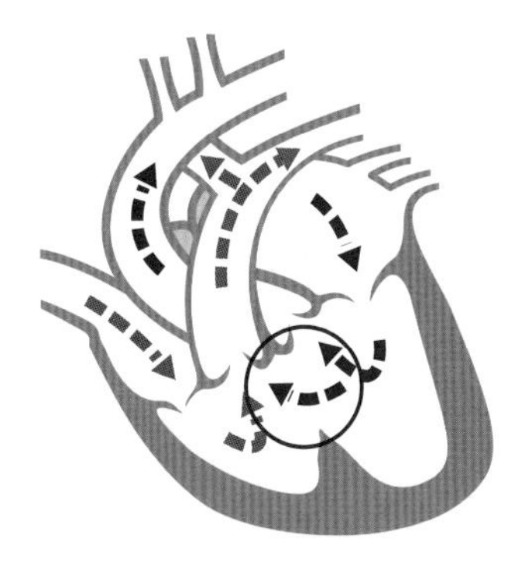

심실 중격 결손증

증상

정도가 가벼우면 정상적인 개와 별 차이 없이 무증상으로 성장하지만 심실에 구멍이 뚫려 있는 경우에는 금방 피곤해지고 기침, 호흡곤란, 구토 등의 증상이 나타나며 몸이 자라지 않기도 한다. 심방의 경우에는 심장사상충에 감염되었다면 주의해야 한다.

원인

여분의 혈액이 우심실, 좌심방으로 흘러들어가 심장에 부담을 주기 때문이다.

치료와 간호

무증상인 경우에는 특별히 치료할 필요가 없지만, 중증인 경우에는 증상에 따른 치료를 하면 되는데 간혹 꼭 수술을 해야 하는 경우도 있다.

부정맥

긴 빈 노 자 대 소 ♂ ♀

일정한 리듬을 타는 심장의 박동이 어떤 이상에 의해 흐트러지면서 발생하는 질병이다. 일반적으로 증상을 보이지 않기 때문에 반려인도 깨닫지 못하는 경우가 많지만, 치료가 필요할 정도로 심각한 경우도 있다.

증상

경도인 경우에는 쉽게 피곤해지거나 호흡이 거칠어지는 정도지만, 심해지면 입술 등의 점막이 보라색이 되는 청색증을 일으키거나 실신하기도 한다.

원인

심장병이나 감염증 등 원인은 다양한데 심장 장애가 일어나는 부위에 따라 부정맥의 타입도 분류할 수 있다.

치료와 간호

원인이 되는 질병을 치료한다. 증상이 가벼운 경우에는 항부정맥제 등을 쓰면 되지만, 긴급히 치료해야 하는 경우도 있다.

빈혈

긴 빈 노 자 대 소 ♂ ♀

빈혈은 혈액에 담겨 있는 적혈구나 헤모글로빈이 부족한 상태를 말한다. 그중에서도 몸을 지키기 위한 면역 기능이 자신의 적혈구를 공격해서 파괴하기 때문에 일어나는 자기면역성 용혈성 빈혈이 대부분이며 증상이 갑작스럽게 나타나는 것이 특징이다.

증상

산소를 운반하는 적혈구가 줄어 몸속의 산소가 부족하기 때문에 쉽게 피곤해지고 식욕이 사라지며 운동을 싫어하게 된다. 안구 점막이나 잇몸 색이 살짝 하얘지거나, 피부나 점막이 노랗게 되는 황달 증상이 나타나기도 한다. 소변 색이 옅어지거나 간혹 피가 섞인 듯 적갈색이 된다.

원인

피를 대량으로 흘렸거나 적혈구가 파괴되어 적혈구의 생산이 감소되었을 때 일어난다. 적혈구가 파괴되는 용혈성 빈혈은 파 종류나 살충제, 살서제 등에 의한 중독이 원인이 되기도 한다. 그 외에도 신부전이나 간질환 등의 질병, 기생충이나 바이러스 감염 등 원인이 다양하다.

치료와 간호

원인에 따라 치료 방법이 다르다. 컨디션에 따라서는 수액을 맞히고, 중증일 때는 수혈을 받기도 한다. 용혈성 빈혈은 중독에 의해 발생하는 일도 많기 때문에 개에게 독성이 있는 음식물을 주면 안 되며, 살충제, 세제 등의 관리에도 신경 써야 한다.

혈소판 감소증

출혈이 생겼을 때 혈액을 응고시키는 작용을 하는 혈소판이 감소하여 생기는 질병이다. 중증인 경우에는 빈혈 등을 일으킨다. 일본에서는 말티즈나 시추에게서 유전에 의한 것으로 보는 것이 많이 보인다.

증상

입이나 코 등의 점막, 피부 등에 멍 같은 보라색 출혈반이 보인다. 중증인 경우 소변이나 대변에 피가 섞여 나오고 피를 토하거나 코피가 멈추지 않기도 한다. 채혈 뒤에 피가 멈추지 않아서 알게 되는 경우도 있다.

원인

원래 있던 다른 질병이 원인이 되어 혈소판의 감소가 일어난다. 요독증, 바이러스 감염증, 백혈병, 면역질환, 악성 종양 등으로 발병하는데 원인을 특정할 수 없다.

치료와 간호

완치는 불가능하지만 치료에 따라 증상을 완화시킬 수는 있다. 빈혈이 심할 때에는 수혈을 하는 것이 좋지만, 혈액형이 적합하고 혈액을 제공하는 개가 가까이 있어야만 가능하다. 치료는 장기간에 걸쳐 진행되는 경우가 종종 있다.

바베시아증

혈액 속에 기생하는 바베시아라는 원충에 감염되어 일어나는 중증의 빈혈이 특징인 질병이다. 바베시아는 참진드기를 매개로 한다.

증상

감염에 의해 적혈구가 파괴되고 빈혈이 심해진다. 발열해서 입술 점막이 새파래지고 소변은 갈색이 된다. 간혹 점막이나 피부가 노랗게 되는 황달이 일어나기도 한다.

원인

참진드기의 흡혈 과정에서 바베시아 원충이 체내로 들어와 적혈구를 감염시키고 파괴하여 발병한다.

치료와 간호

빈혈이나 황달의 치료 외에 항원충제를 투여한다. 재발이 많은 질병이므로 완치시키는 것이 중요하다. 참진드기가 기생하지 않도록 정기적으로 살충제를 주변에 살포하는 것이 예방대책이다.

호흡기 질환

코나 목, 기관, 기관지, 폐 등의 호흡기는 몸 밖에서 산소를 들이마시고 체내의 이산화탄소를 배출하는 기관이다. 기침의 원인은 주로 호흡기의 트러블이므로 주의하자.

비염

코는 공기를 여과하여 습기를 주고 폐로 보낸다. 비염은 외부공기를 들이마실 때 다양한 이물질이 코로 들어가 안의 점막에 염증을 일으키는 질병이다.

증상

콧물이나 재채기가 나오는 것은 사람과 똑같다. 증상이 심해지면 점성이 강한 콧물이 나오고 간혹 코피가 나기도 한다. 아파서 코를 발로 문지르거나 바닥에 문지른다. 염증이 번지면 콧구멍이 좁아지기 때문에 숨을 쉬기가 괴로워지고 코 위가 부풀어 오르거나 눈곱이 생기기도 한다.

원인

대부분 바이러스나 세균, 곰팡이의 일종인 진균에 감염되어 일어난다. 겨울에는 공기가 건조해서 다른 때보다 쉽게 감염된다. 들이마신 작은 물질, 또는 이빨의 염증이 악화되어 비강으로 번지는 종양 등이 원인이 된다. 알레르기도 원인 중 하나로 보고 있다.

치료와 간호

항생물질이나 소염제를 투여한다. 원인이 어금니의 치조농루인 경우에는 그것을 치료해야 한다. 이물질에 의한 비염인 경우에는 세정하거나 제거한다. 가정에서는 냉기에 노출되지 않도록 따뜻하게 해주고 콧물이나 눈곱을 닦아 청결히 한다.

부비강염

비염이 장기화되어 발생하는 만성적인 질환이다. 비염은 콧속의 부비강에 염증이 번지는 것인데, 심해지면 축농증이 될 수도 있다. 비염과 달리 치료해도 잘 낫지 않는 것이 특징이다.

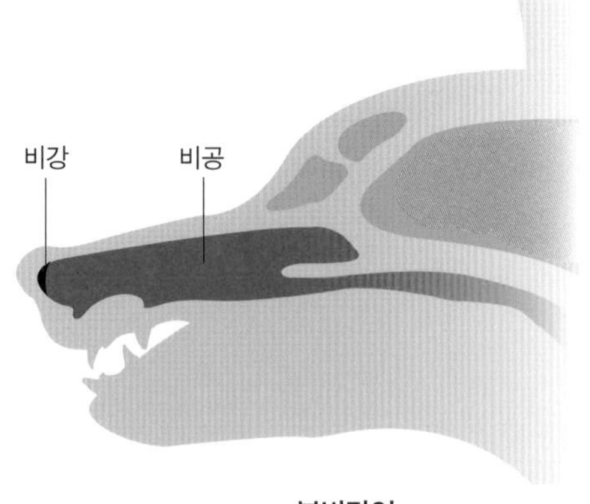

부비강염

증상

비염과 마찬가지로 재채기와 콧물이 나온다. 특히 탁한 고름 같은 콧물이 많아지고 호흡이 힘들기 때문에 입을 벌리고 숨을 쉬게 된다. 코 위가 부어 있거나 딱딱하게 부풀어 오르기도 한다.

원인

비염이 만성화된 경우에 발생하는데, 종양이나 상처가 원인이 되는 경우나 상악의 잇몸이 화농화되어 부비강까지 번지는 경우도 있다.

치료와 간호

비염과 마찬가지로 소염제나 항생물질을 투여한다. 심한 경우에는 튜브 등을 통해 부비강을 세정하는 방법도 있다. 코나 이빨 등의 염증은 일찌감치 치료하여 만성화하지 않도록 한다.

인두염

긴 빈 노 자 대 소 ♂ ♀

기관의 입구가 인두, 소위 목이다. 목에는 성대가 있어 이물질의 침입을 막는다. 코나 입의 염증이 목까지 번지면 인두염이 된다.

증상

증상이 심하면 기침이 심해지고 목의 통증 때문에 식욕이 없어지기도 한다. 짖으려고 해도 목이 쉬어서 소리가 나오지 않는 경우도 있고, 숨쉬기가 괴로워서 쌔액쌔액 소리를 내기도 한다.

원인

바이러스나 세균에 의해 발생하는 경우가 많지만 계속 짖다 보니 염증이 발생하는 경우도 종종 있다. 드문 예이기는 하지만 자극성 가스나 열기의 흡입이 원인인 경우도 있다.

치료와 간호

항생물질이나 소염제를 투여한다. 흡입기로 치료하는 경우도 있다. 가정에서는 환기를 자주 시키고 따뜻하게 해준다.

연구개 과장증

긴 빈 노 자 대 소 ♂ ♀

연구개는 목의 앞쪽에 있는 상악의 부드러운 부분으로 점막이 늘어져 공기의 통로를 압박하면서 호흡이 곤란해진다. 퍼그, 불독, 시추 등의 단두종에게 발병하기 쉽다.

증상

숨 쉬기를 힘들어하고 야간에 코를 고는 것이 특징이다. 특히 한낮의 고온 때나 흥분했을 때에는 호흡이 빨라지고 쌔액쌔액거리며 괴로운 듯이 보인다. 간혹 연구개가 목을 완전히 막아서 무호흡 증상이 나타나기도 한다.

원인

선척적으로 연구개가 길어서 목의 입구로 내려가 있기 때문이다.

치료와 간호

호흡곤란을 일으키는 경우에는 긴급히 산소흡입하고 소염제를 투여하여 경과를 지켜본다. 근본적으로는 내려간 연구개를 절제하는 수술이 필요하다.

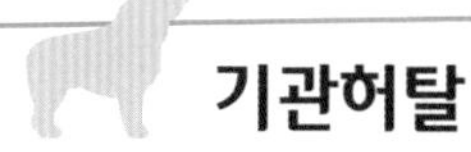

기관허탈

간 빈 노 자 대 소 ♂ ♀

폐에 공기를 보내는 기관이 눌려 편평해지면서, 호흡곤란이 일어나는 질병이다. 소형견이나 퍼그 등의 단두종에게 많이 보이며 비만이거나 나이를 먹으면 일어나기 쉽다.

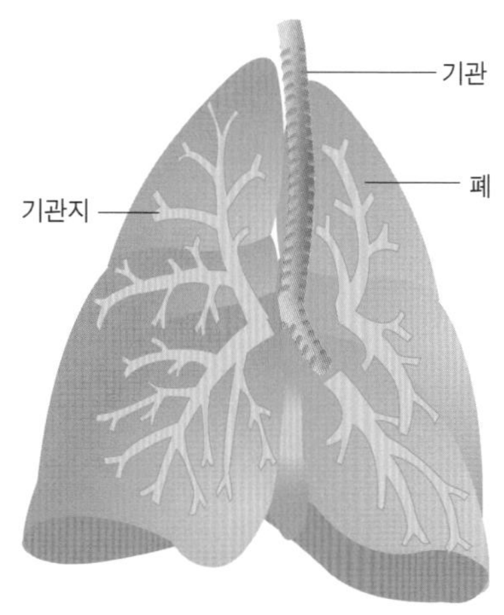

호흡기의 구조

증상

흥분했을 때나 운동할 때 꽥엑꽥엑 거위 울음소리 같은 건조한 기침이 나오는 것이 전형적인 증상이다. 쌕쌕거리는 숨소리를 내고 호흡곤란을 일으키기도 한다. 특히 고온다습한 시기에 많이 발병한다. 심해지면 혀나 잇몸 색이 보라색이 되는 청색증 증상을 일으켜 쓰러지기도 한다.

원인

기관이 본래의 강도나 탄력을 잃고 눌려 공기가 안을 통과하기 어려워지면서 발생한다. 원인은 선천적인 것으로 보이는데, 비만인 경우나 나이를 먹어도 발생하는 것 같다.

치료와 간호

기침을 부드럽게 하기 위한 치료나 호흡곤란, 청색증에 대한 처치를 한다. 경우에 따라서는 기관을 확장하는 정형수술이 필요하다. 가정에서는 특히 여름에는 집안이 너무 덥지 않게 신경 쓰고 가능한 안정을 유지시킨다. 소형견이나 단두종에게 많은 질병이므로 그런 견종들은 비만을 개선해야 한다.

기관지염

기관지의 점막에 염증이 생긴 상태이다. 목이나 코의 염증이 기관지까지 번지거나 간혹 폐렴을 일으키는 경우도 있으므로 악화되기 전에 충분한 치료가 필요하다.

증상

건조한 기침이 특징이며, 뭔가가 목을 막고 있거나 걸려 있어 토할 듯한 모습을 보인다. 콧물이나 열이 나는 경우도 있고 식욕이 감퇴한다. 기침이 심해지면 거품 상태의 점액을 구토하기도 한다.

원인

바이러스나 세균, 진균 등에 감염되어 발생한다. 드물지만 자극성 가스나 먼지, 화학약품 등의 흡입이 원인이 되는 경우도 있다.

치료와 간호

항생물질 외에 진핵제, 거담제, 소염제 등을 투여한다. 필요에 따라 흡입요법을 하는 경우도 있다. 가정에서는 산책이나 운동은 피하고 안정시킨다. 목에 자극을 주지 않도록 보습, 환기에 신경 쓴다.

폐렴

긴 반 노 자 대 소 ♂ ♀

폐 조직에 염증이 일어나는 것이 폐렴이다. 기관지염이나 인두염이 병발해 있는 경우도 많고, 심한 발열이나 호흡곤란으로 쓰러지거나, 간혹 사망에 이르기도 하는 중대한 질병이다.

증상

기침이 나오는 일이 많고 하악거리는 괴로운 숨소리를 내기도 한다. 가슴에 귀를 대면 힘들게 쌔액쌔액거리는 건조한 소리가 들리기도 한다. 증상이 심해지면 고열이 나고 호흡이 얕고 빠르게 진행되어 호흡곤란까지 온다. 특히 새끼 등은 순식간에 악화되는 경우가 있으므로 주의해야 한다.

원인

바이러스나 세균, 진균 또는 기생충 등의 감염에 의해 발생하는 경우가 있다 또 알레르기가 원인이 되거나 드물게는 자극성 가스나 약품을 삼켜서 일어나기도 한다.

치료와 간호

항생물질 외에 진핵제, 거담제, 소염제 등을 투여한다. 중증인 경우에는 산소흡입이 필요하다. 가정에서는 안정을 유지시키고, 공기의 환기나 온도에 신경 쓴다.

폐수종

폐렴이 진행되거나 심장질환 등에 의해 폐에 물이 많이 고여 산소교환이 불가능해지는 질병이다. 방치하면 호흡이 곤란해져 생명을 잃을 수 있다. 대부분의 경우 다른 질환과 병발해서 일어난다.

증상

증상이 가벼울 때에는 이따금 기침이 나오는 정도지만 심해지면 밤새 멈추지 않기도 한다. 초기에는 물과 같은 콧물이 나오고 악화되면 피가 섞여 나오기도 한다. 호흡이 괴롭기 때문에 혀나 잇몸이 보라색이 되는 청색증이 나타나거나 목의 정맥에 튀어나와 보이기도 한다. 선 채로 있거나 계속 앉은 자세로 있고 눕기를 싫어한다면 심각한 증상이다.

원인

폐렴이나 심장질환 등이 원인이다. 세균 감염이나 극도의 스트레스, 급격한 운동 등으로 발병하기도 한다.

치료와 간호

호흡을 도와주는 산소흡입이나 폐에 고인 물기를 제거하기 위한 이뇨제 등을 투여한다. 염증이나 심장에 대한 약을 처방하기도 한다. 가정에서는 운동을 제한하고 안정을 유지시킨다. 식사는 염분과 나트륨을 삼간다.

기흉

긴 빈 노 자 대 소 ♂ ♀

상처 등으로 폐나 흉벽에 구멍이 뚫려 흉강에 공기가 차는 질환이다. 그 결과 폐가 위축되면서 폐활량이 저하된다. 심해지면 생명에 지장을 주기도 한다.

증상

호흡이 빠르고 얕아져서 괴로워한다. 증상이 심해지면 배로 숨을 쉬고 눕기를 싫어하고 운동도 싫어하고 앞다리를 버티고 움직이는 것을 피하게 된다. 호흡곤란이나, 혀나 입술이 보라색이 되는 청색증 증상이 나타나는 것은 위험한 상태이다.

원인

교통사고나 다른 개와 싸우다 폐가 손상을 입어서 일어나는 경우가 대부분이지만 원인불명인 경우도 있다.

치료

흉강에 쌓인 공기를 빼거나 산소를 흡입시킨다. 중증인 경우에는 개흉수술이 필요한 경우도 있다.

횡격막 헤르니아

긴 빈 노 자 대 소 ♂ ♀

횡격막은 흉강과 복강의 경계에 있는 근육질의 막으로, 호흡운동에 중요한 작용을 한다. 사고 등으로 횡격막이 눌리면서 구멍이 뚫려 장기가 가슴 안으로 쏟아지는 질환이 횡격막 헤르니아이다. 원래 식도나 대동맥 등이 통과하는 열공이 있는데, 선천적인 이상으로 열공이 커져서 일어나는 경우도 있다.

증상

사고 등으로 구멍이 뚫린 경우에는 증상이 가벼우면 운동을 싫어하거나 호흡이 거칠어지는 정도지만, 심한 경우에는 눕는 것을 싫어하고 호흡곤란이 오고 쇼크 상태에 빠지기도 한다. 유전적으로 발생하는 경우에는 새끼 때 구토나 설사, 기침, 빠른 호흡 등의 증상이 나타난다.

원인

교통사고나 낙하 등에 의해 복부를 크게 강타당한 충격으로 발생한다. 사고 후에야 증상이 나타나기도 한다. 유전적인 원인으로는 횡격막에 구멍이 뚫려 있는 경우와 흉강에 장기가 침입해 있는 경우가 있다.

치료

증상이 심한 경우에는 신속하게 수술하여 파열부를 개복해야 한다. 개복하지 않는 경우에도 최종적으로는 수술로 치료하는 것이 일반적이다.

흉막염

흉강 내부를 둘러싸고 있는 흉막에 염증이 생긴 상태이다. 중증이 되면 호흡곤란을 일으키고 사망에 이르기도 하는 질환이다.

증상

열이 나거나 기침이 나오기도 하고 식욕이 저하되며 기운이 없어진다. 증상이 심해져 가슴 내부에 침출액이 쌓이면 호흡곤란이나, 혀나 입술이 보라색이 되는 청색증이 발생해 생명에 지장을 주기도 한다.

원인

주로 바이러스나 세균 등의 감염에 의해 일어나는데, 외상이나 종양 등으로 인해서도 발생하는 등 원인이 다양하다.

치료와 간호

침출액이 쌓여 있을 때에는 바늘로 흉강로 찔러 흡인해서 배출시킨다. 그 외의 감염증이라면 항생물질을 투여하는 등 원인을 치료한다.

소화기 질환

입에서부터 항문까지의 소화기는 음식물을 소화시켜 에너지로 변환시키는,
생명을 유지하기 위한 중요 기관이다. 개는 장이 짧고 비교적 큰 위를 갖고 있다.

거대 식도증

음식물을 위로 보내는 기관인 식도에 이상증상이 번지면서 음식물이 정체해 위로 넘어가지 못하고 토해내는 질병이다. 선천적인 경우와 후천적인 경우가 있다.

증상

음식물이나 물이 식도가 확장된 부분에 정체되어 위로 들어가지 않기 때문에 식후 몇 분에서 몇 시간 사이에 토하게 된다. 빈도는 다양하지만 일반적인 구토와 다르게 토할 때 반사적으로 음식물이 튀어나가는 토출이라는 구토증상이다. 음식물의 일부가 폐로 들어가 폐렴을 일으키는 경우도 종종 있다. 호흡곤란이나 발열을 동반하는 경우가 있고 점점 여위어간다.

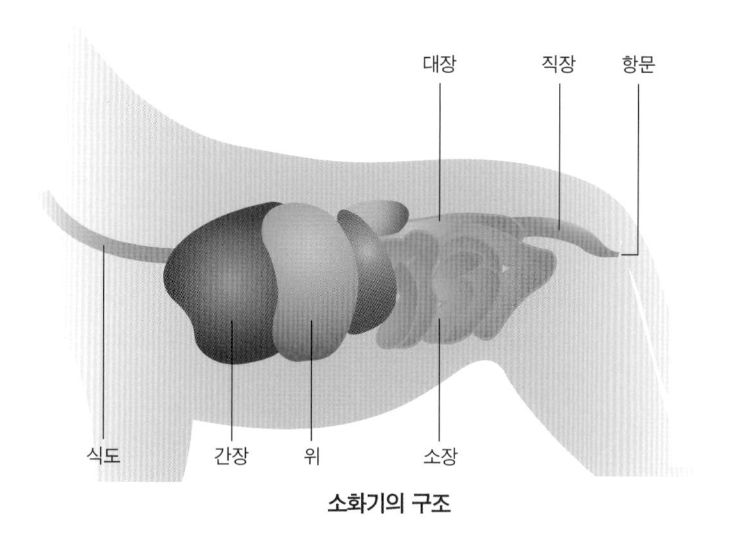

소화기의 구조

원인

유전적인 경우도 많지만 식도의 근육을 움직이는 신경이 다쳐서 발생하기도 한다. 또 식도협착, 중증 근무력증, 전신성 홍반성 낭창 등 다른 질병에 감염되어 일어나는 경우도 있다.

치료와 간호

원인인 질병이 있는 경우에는 그것부터 치료한다. 완치가 어렵기 때문에 식사를 주는 방법에 대해 연구해서 토하는 것을 방지하도록 한다. 개를 세운 상태에서 개보다 높은 위치에서 유동식을 급여하고 가능한 식후에도 서 있는 상태를 유지시켜 음식물이 중력으로 식도를 이동하게 한다.

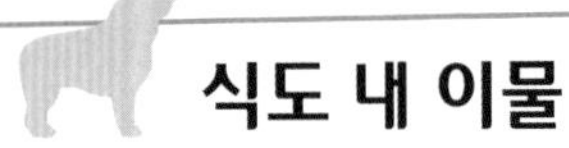

식도 내 이물

잘못해서 이물질을 삼켜 식도가 막힌 상태이다. 개는 음식물을 통째로 삼키거나 음식물 외에도 입에 넣으려 하는 성질이 있기 때문에 식도가 이물질로 막히는 경우가 다반사이다. 때로는 완전히 막혀서 음식물을 위로 보낼 수 없게 되는 경우도 있다.

증상

침이 흐르고 식도에서 더 이상 진행하지 못한 소화되지 않은 음식물을 토해낸다. 식욕부진을 일으키고 기운이 없어지지만 막히는 정도가 그리 심하지 않은 경우에는 발견이 늦어지기도 한다.

원인

식도를 막는 이물 중에 많이 발견되는 것은 뼈나 살코기 덩어리이다. 대형견은 골프공이나 구운 닭꼬치를 꼬지째 통째로 삼킨 예도 있고, 그 밖에 장난감이나 사용하고 버린 라이터, 낚싯대 등 다양한 보고가 있다. 식도는 가슴의 입구, 심장 부근, 위와 이어지는 세 곳이 좁아서 쉽게 막힐 수 있다.

치료와 예방

이물질을 제거한다. 내시경을 삽입해 끄집어낸다. 식도절개는 가슴을 개복해야 하는 힘든 수술이므로 이물질을 위 속으로 밀어 넣을 수 있다면 위를 절개해서 꺼내는 방법을 선택한다. 특히 새끼 때에는 급여하는 내용물에 신경 써야 한다.

급성 위염

위의 점막이 급성 염증을 일으키는 질병이다. 급성 위염에 걸리면 여러 차례 구토를 반복한다. 경증인 경우 구토 이외의 증상은 나타나지 않지만 구토 횟수가 증가하면 탈수증상을 일으키므로 특히 체력이 없거나 새끼 등은 위험한 상태가 된다.

증상

반복적으로 구토한다. 간혹 피가 섞여 있는 경우도 있고 토할 것이 없는데도 토하는 동작을 반복하는 경우도 있다. 물을 자주 마시고 다시 구토하는 경우가 있는데 그 결과 탈수증상을 일으킨다.

원인

상한 음식이나 불결한 물, 독성이 있는 물질을 섭취했을 때 발생한다. 또 풀이나 나무, 쓰레기 등의 이물질, 급성 전염병이나 기생충 등에 의해서 증상이 나타나기도 한다. 스트레스가 원인인 경우도 있어 보인다.

치료와 간호

증상이 가벼운 경우에는 하루 동안 식사를 제한하면 곧 회복된다. 이물질을 삼킨 경우에는 토해내게 해야 하는데 토해내지 않는다면 수술이 필요하다. 탈수증상이 있을 때에는 수액치료 등을 병행한다. 구토나 설사가 가라앉은 후에는 미지근한 물부터 주고 식사는 소화가 잘 되는 유동식을 준비한다.

만성 위염

위 점막이 만성적으로 염증을 일으키는 상태이다. 원인은 다양하지만 위가 반복적인 자극을 받아서 일어난다. 급성 위염이 잘 낫지 않아 만성화되는 경우도 있다.

증상

매일이라고는 할 수 없지만 몇 주에 걸쳐 이따금 토하거나 식욕이 부진해서 마르는 것이 일반적인 증상이다. 구토는 식사와 상관없이 일어나고, 위점막이 짓무르거나 하면 피를 토하거나 변이 타르처럼 검은 경우도 있다.

원인

원인을 정확히 특정할 수 없는 것이 많다. 음식물 알레르기나 유독물질, 병원체 등에 의해 위가 만성적으로 자극을 받아서 일어나는 것으로 보인다.

치료와 간호

원인이 확실하다면 그것부터 치료를 하고, 원인이 확실하지 않을 때에는 증상을 완화시키기 위해서 점막을 보호하는 약이나 구토를 멈추게 하는 약, 항생물질 등을 투여하고 식사요법을 병행하는 것이 일반적이다. 가정에서는 소화가 잘되는 식사를 조금씩 여러 차례에 나눠서 급여한다.

위확장과 위염전

위확장은 위에 이상이 생겨 부풀어 오른 상태이고, 위염전은 위가 꼬여 있는 상태이다. 위가 순식간에 부풀어 오를 때에는 신속하게 대응하지 않으면 사망하는 경우가 많다. 대형견 중에서 가슴이 깊은 그레이트데인, 콜리, 복서, 셰퍼드 등의 견종에서 많이 볼 수 있다.

증상

복부가 부풀어 올라 가라앉지 않고 고통스러워 보인다. 이따금 구토나 트림을 하고 침을 대량으로 흘리기도 한다. 또 위가 꼬인 위염전의 경우에는 토하려고 해도 토하지 못하고 침만 흘리면서 괴로워한다. 심한 통증 때문에 쇼크 상태에 빠지기도 한다.

원인

새끼가 과식했을 때나 성견이나 노견이 걸신들린 듯이 먹다가 위에 가스가 발생하고, 액체가 쌓여서 위가 빵빵해져 붓고 위확장이 된다. 이 상태에서 심한 운동 등을 하면 위가 꼬여서 위염전이 된다.

치료와 간호

위확장만 있는 경우에는 위 속의 가스를 제거하고 위를 세척한다. 위염전인 경우에는 신속하게 개복수술을 해야 한다. 위염전은 발견이 늦으면 대부분 사망하는 심각한 질병이다. 치료 후에는 일정 기간 동안 절식한다. 재발 방지를 위해 과식으로 위에 부담을 주지 않도록 식사는 소량으로 여러 차례에 나눠서 먹이고 식후에 물을 많이 먹지 못하게 한다. 또한 식후에 바로 운동을 하지 않게 한다.

출혈성 위장염

출혈을 동반하는 위장 염증으로 갑자기 심하게 피가 섞인 설사를 하거나 구토하는 경우도 있다. 소형견에게서 많이 보이고, 중증인 경우 치료가 늦으면 사망에 이르기도 한다.

증상

악취가 나는 잼 같은 암적색 피가 섞인 변이 나온다. 구토를 하거나 피를 토하며 탈수증상을 일으키거나 호흡이나 심박이 빨라져서 쇼크 증상을 일으킬 수가 있다. 슈나우저나 닥스훈트, 토이 푸들, 말티즈 등의 소형견에게서 발병하는 경향이 크다.

원인

파보바이러스 감염증과 같은 감염증 외에도 확실한 원인이 알려지지 않은 출혈성 위장염도 있으며 건강하게 보이는 개에게 갑자기 일어난다. 대부분 소형견들에게 발병한다.

치료

탈수가 심하면 수액을 맞히고, 쇼크 증상이 있다면 그에 상응하는 치료를 한다. 구토나 설사가 없는 경우에는 식사와 물을 제한하고 세균의 2차 감염을 막기 위해서 항생물질 등을 투여한다.

대장염

장의 점막에 염증이 생겨서 설사나 구토를 한다. 급성과 만성적으로 일어나는 경우가 있다.

증상

수분을 흡수하는 대장에 염증이 번지기 때문에 장성 설사는 수분이 많아지고 선혈이나 점액이 섞인다. 탈수증상을 일으키기도 한다.

원인

바이러스나 세균, 기생충 감염, 식사, 약물, 스트레스 등 다양한 원인으로 인해 장에 염증이 발생한다.

치료와 예방

반나절에서 하루 정도 절식을 시켜 장을 쉬게 한다. 탈수증상이 심할 때에는 수액을 맞히거나 장 점막을 보호할 수 있도록 지사제를 투여한다. 원인이 되는 바이러스 감염증은 백신 접종으로 예방할 수 있다. 효과적으로 기생충을 예방하기 위해서는 정기적으로 분변검사를 해야 한다.

흡수불량증후군

긴 빈 노 자 대 소 ♂ ♀

영양을 흡수하는 소장의 점막에 장애가 생기면서 소장성 설사를 일으키고 영양불량이 되어 점차 체중이 감소한다. 초기에는 식욕도 왕성하고 기운도 있기 때문에 설사 등의 증상이 나타날 때까지 알아차리기가 힘든 질병이다.

증상

심해질 때까지는 기운도 있고 흡수하지 못하는 영양분을 보충하려고 하기 때문에 오히려 식욕이 왕성하다. 하지만 영양소의 대부분이 배설되기 때문에 변은 평소와 다른 상태가 계속된다. 곧이어 설사를 일으키게 되고 체중이 감소한다. 변이 부드럽고 기름기가 많이 섞여 나온다.

원인

소장의 점막에 이상이 있는 경우, 위장염이나 종양 등에 의해 점막에 상처가 난 경우, 장림프관의 확장증 등 다양한 원인이 있다.

치료

원인이 되는 질병이 다양하므로 원인부터 밝혀 치료한다. 식사요법을 중심으로 하고 탈수증상이 심할 때에는 수액을 맞힌다.

장폐색

장폐색은 위에서 내려온 내용물이 장에서 막히는 질환으로, 증상이 심하면 내용물이 전혀 움직이지 않기 때문에 사망에 이르기도 한다.

증상

음식물이 역류해서 심하게 구토를 하고 장이 확장되어 통증도 생긴다. 식욕이나 기운이 없어지고 설사를 일으키기도 한다. 장이 완전히 막혀버리면 복통이 심해지고, 체내에서의 수분대사도 저하되어 신장장애나 쇼크 증상 등 더 심각한 증상이 나타난다.

원인

돌이나 구슬 같은 장난감이나 이물질을 삼켜서 장이 막히는 케이스가 많다. 작은 돌멩이나 비닐, 실뭉치 등이 조금씩 쌓여서 막히는 경우도 있다. 또 종양이나 장염, 장염전, 장중적 등의 질병이 원인일 수도 있다.

치료와 간호

탈수증상이나 쇼크 증상을 치료로 가라앉히고 상태가 안정된 후에는 한시라도 빨리 개복수술을 해야 한다. 치료 후에는 일정 기간 절식시킨 후 수분보급, 유동식 순으로 급여한다.

급성 간염

내장 중에서 가장 큰 간장은 담즙을 분비하고 해독작용과 단백질 합성, 호르몬 대사 등 다양한 기능을 하는 중요한 기관이다. 다른 장기와의 관계에서도 심각하게 영향을 받기 때문에 대부분의 간장 질환은 간장이 아닌 다른 곳에 원인이 있다. 급성 간염은 바이러스 감염이나 중독 등에 의해 간장이 장해를 받아 발생하는 질환이다.

증상

구토나 설사를 일으키고 식욕이나 기운이 없어진다. 중증인 경우에는 눈이나 입이나 피부색이 노랗게 되는 황달이나 경련, 근력이 떨어져 비틀거리는 등의 증상이 나타난다. 의식이 혼탁해지거나 혼수상태가 되는 등의 신경증상이 나타나기도 한다. 만성 간염에서는 눈에 띄는 증상이 나타나지 않다가 질병이 상당히 진행된 후에야 배에 복수가 차거나 마르는 등의 증상을 보여 알게 되는 경우가 많다.

원인

동, 비소, 수은, 클로로포름 등의 중독 외에 진통제, 마취제, 이뇨제 등의 약물이 원인이 되기도 한다. 또 바이러스나 진균에 의해 감염성 간염, 기생충성 간염 등 다양한 원인이 알려져 있다.

치료와 예방

수액을 맞히거나 해독제를 투여해서 응급처치를 한 후 충분한 휴식과 영양을 공급해 간 기능 회복을 촉진시킨다. 평소 고지방 식단을 피하고 양질의 단백질로 구성된 처방식을 주는 것이 좋다.

췌(장)염

췌장의 기능 중 하나는 소화효소를 만드는 것인데, 염증 등의 원인으로 췌액의 작용이 활발해져 췌장 자신까지 소화해버리는 것이 급성 췌(장)염이다. 급성 췌(장)염이 오래 가거나 반복적으로 일어나면 만성 췌(장)염이 된다. 견종 중에는 미니어처 닥스훈트, 요크셔테리어, 미니어처 슈나우저 등에게서 많이 보이는 질병이다.

증상

식욕부진으로 구토와 설사를 반복한다. 설사는 출혈성인 경우도 있다. 중증인 경우에는 격통 때문에 쇼크 증상을 일으켜 사망에 이르기도 한다. 또 만성 췌(장)염에서는 증상이 크게 나타나기 전에 질병이 진행된다.

원인

고지방에 치우친 식사를 원인 중 하나로 보고 있다. 또 비만인 개도 쉽게 발병하는 경향이 있다. 그 외에 약물이나 감염, 외상, 바이러스나 기생충 등 많은 원인이 있다.

치료와 예방

단기간 절식을 시켜 췌장의 기능을 억제한다. 소화효소를 저해하는 약이나 진통제를 투여한다. 회복한 후에는 지방분이 많은 식사는 반드시 피해야 한다. 또 비만이 되지 않도록 주의하는 것도 중요하다.

췌외분비부전

췌장에서 소화효소가 충분히 분비되지 않기 때문에 식욕이 왕성한데도 소화불량을 일으키고 영양을 흡수하지 못해 체중이 감소하는 질병이다.

증상

항상 허겁지겁 많이 먹는데도 불구하고 체중이 늘지 않고 마른다. 악취가 나는 지방성 변을 다량으로 보는 것도 특징이다. 설사도 자주 일으킨다.

원인

췌(장)염 등의 원인으로 소화효소 분비가 부족하기 때문에 췌장에서 효소를 받아들이는 소장은 영양을 흡수하지 못하게 된다. 최근에는 바이러스 등을 공격하는 면역이 자신의 조직을 공격하게 되는 자기면역질환으로 보고 있다.

치료와 예방

소화효소를 투여해서 보급하고 비타민 보충제 등으로 영양의 밸런스를 맞춰준다. 항생물질이나 스테로이드제를 처방하는 경우도 있다. 식사는 저지방으로 소화하기 쉬운 것을 조금씩 급여하도록 한다. 개가 과식을 하지 않도록 신경 쓴다.

항문낭염

긴 빈 노 자 대 소 ♂ ♀

항문낭은 항문의 양쪽, 시계 문자판으로 표현하면 4시와 8시 위치에 있는 2개의 작은 주머니로, 족제비나 스컹크 등은 위험을 느끼면 이 항문낭(취낭)에서 이상한 냄새가 나는 액체를 분비해서 적을 격퇴한다. 개나 고양이는 변에 고유의 냄새를 묻히는 마킹을 하는데, 현재는 알람 마킹(공포 시 경보)이나 개들 사이에서 '냄새 커뮤니케이션'에 도움이 되는 것으로 보고 있다. 항문낭염은 이 주머니가 세균에 감염되어 분비액이 잘 배출되지 않고 쌓여서 곪는 질병으로, 개에게는 자주 발생한다.

증상

항문부위를 바닥에 끌거나 핥는다. 심하면 염증 때문에 항문낭이 붓고, 배변 시 통증 때문에 비명을 지르기도 한다.

원인

세균감염에 의해 항문낭이 염증을 일으킨다. 파열되어 분비물과 함께 고름이나 피가 나오는 경우도 있다.

치료와 예방

항문낭에서 쌓여 있는 분비물을 손으로 짜낸다. 곪은 경우에는 항생물질을 투여한다. 분비물을 축적하는 속도(일수)는 개체 차이가 있다. 분비물이 잘 쌓이는 개의 경우 동물병원에서 지도를 받으면 가정에서도 짜내는 처치가 가능하지만, 심한 악취가 있어 의복 등에 묻으면 빠지지 않으므로 주의해야 한다. 빈번히 반복되는 경우나 심하게 쌓여서 손으로 짜내도 배출하지 못하는 경우에는 항문낭을 제거하는 방법도 있다.

항문주위염·항문주위루

항문주위염은 항문주위의 조직에 염증이 생기는 질환이다. 이것이 악화되면 항문 주위가 화농, 궤양화된 누관이 생기는데, 그 상태를 항문주위루라고 한다.

증상

가려움이나 통증 등의 불쾌감 때문에 항문 주변을 핥거나 깨물어서 염증이 일어난다. 배변을 힘들어 한다. 항문주위루에서는 배변 시 출혈이나 농상의 분비물이 보인다.

원인

항문 주위의 항문선에 생긴 염증 때문에 개가 가려움이나 통증을 느끼고 그것을 핥거나 깨물면 항문주위염이 일어난다. 항문주위루는 항문선이 감염되면서 화농화되는 것으로 보인다.

치료와 예방

항문주위염은 외용약과 내복약을 병용하여 치료한다. 항문주위루는 누관을 만드는 조직이나 화농이 되어 있는 층을 수술로 제거한다. 예방을 위해서 항문 주위는 언제나 청결하도록 신경써준다.

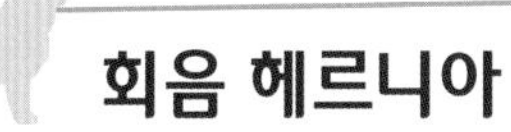

회음 헤르니아

헤르니아란 장기가 본래 있어야 할 곳에서 다른 장소로 튀어나와 있는 상태를 뜻하는데 항문 주변(회음)의 근육 틈에서 직장 등이 튀어나오는 것이 회음 헤르니아이다. 특히 노령의 수컷에게 많이 보이는 질환이다.

증상

항문 한쪽 또는 양쪽이 크게 부풀어 오른다. 방광을 압박해서 배뇨가 곤란해지거나 튀어나온 직장이 굴곡져 있기 때문에 변의 이동이 부드럽지 않아 변비에 걸린다.

원인

나이가 들면서 근력이 약해지거나 호르몬의 불균형, 만성 변비, 전립선 비대 등이 원인으로 보인다.

치료와 예방

수술로 직장을 원래의 위치로 돌려놓고 탈출한 부위의 근육을 꿰맨다. 증상이 가벼우면 식이요법이나 변을 부드럽게 하는 약을 투여한다. 전립선 비대가 원인인 경우에는 중성화 수술을 하면 예방할 수 있다.

소화기 종양

장기에는 다양한 종양이 생긴다. 소화기계로는 위암, 직장암, 간장암 등이 있다. 체표의 종양과 달리 병상이 진행된 후에 발견되는 경우가 많다.

증상

질병이 상당히 진행될 때까지 증상이 나타나지 않는 경우도 많고 종양이 생긴 위치에 따라 증상이 다양하다. 일반적으로는 기운이 없어지고 체중이 감소하며 구토나 설사를 하고 배가 부풀어 오르는 등의 증상이 나타난다.

원인

유전에 후천적인 요소가 더해져 발병한다.

치료

수술로 제거하거나 방사선 요법이나 항암제, 면역요법 등도 시도해볼 수 있다. 조기발견이 중요해서 빨리 치료하면 나을 확률이 크다. 위암이나 간장암은 꽤 커진 후에야 발견되는 경우가 많은데, CT나 MRI 등 사람과 마찬가지로 영상진단이 보급됨에 따라 복강 내의 종양을 조기 발견할 확률이 늘고 있다.

비뇨기 질환

비뇨기에는 혈액을 여과시켜 노폐물이나 수분을 배출하거나 미네랄 등의 미량 성분을 조절하는 신장, 운반하는 요관, 모아두는 방광, 요도 등의 기관이 있다.

급성 신부전

소변을 만드는 신장의 75% 이상의 기능이 제 역할을 하지 못하게 된 상태를 신부전증이라고 하며, 급성 신부전증은 몇 시간에서 며칠 정도의 단시간 내에 기능이 급격히 저하되어 체내의 독소를 배설하지 못하게 된다. 이 상태를 요독증이라고 하는데, 다른 기관에도 장애가 전이되어 사망에 이르는 위험한 질병이다.

증상

갑자기 기운이나 식욕이 완전히 사라진다. 이렇게 되기 전까지 다음, 다뇨 등의 증상을 보이다가 소변량이 적어지고, 어느 순간 전혀 나오지 않게 된다. 구토, 설사 등의 증상이 나타나고, 입이 바싹 마를 정도로 심한 탈수증상을 보이기도 한다. 체내에 독소가 쌓이면 요독증을 일으키고 경련 등의 신경증상이 나타난다. 사망률이 높고 만성 신부전으로 차츰 전이된다.

원인

급성 신부전은 원인이 어디에 있는지에 따라서 신전성, 신성, 신후성으로 나눌 수 있다. 신전성은 심장의 질병 등이 원인이 되어 신장으로 가는 혈액의 양이 줄어들어 발병한다. 신성은 신장 자체에 장애가 있는 타입으로 독성을 섭취하거나 외상, 감염증, 종양 등 다양한 원인이 있다. 신후성은 신장보다 뒤에 있는 기관인 방광이나 요도에 결석 등이 생겨 소변이 제대로 배설되지 못해서 발생한다.

치료

한시라도 빨리 병원으로 데려가야 한다. 병원에서는 긴급한 구급조치를 할 수 있다. 탈수증상을 일으키는 경우에는 수액을 맞히고, 결석이 원인일 때는 수술로 제거한다. 독극물이 원인이라면 토하게 하거나 중독에 대응하는 치료를 하여 신장에 가해지는 데미지를 줄여준다. 감염증일 때에는 항생물질 등의 약물 투여를 하는데, 신장에 부담이 적은 약제를 선택하는 것이 좋다.

증상이 안정된 뒤에도 만성이 되지 않도록 충분한 치료가 필요하다.

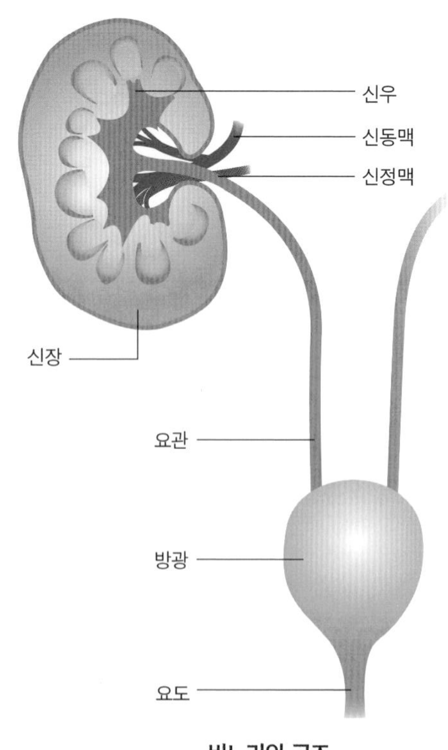

비뇨기의 구조

만성 신부전

긴 빈 노 자 대 소 ♂ ♀

급성 신부전과 마찬가지로 신장의 기능을 75% 이상 상실한 상태이다. 급성인 경우에는 신장이 부어 있는 경우가 많은 데 반해, 만성인 경우에는 수축되어 딱딱해져 있는 경우(신경화증)가 많고, 나이를 먹은 개일수록 발생률이 높아지고 안타깝게도 기능회복은 기대할 수 없다.

증상

수년에 걸쳐 질병이 진행되어 확실한 증상이 나타날 때까지 시간이 걸린다. 색이 옅은 소변을 다량으로 보게 되고(다뇨), 수분을 보충하기 위해서 다량의 물을 마시게(다음) 된다. 차츰 식욕이 저하되고 모질이 나빠지며 마르기 시작한다. 이따금 구토를 하거나 빈혈을 일으키기도 한다. 나른해 보이고 기운이 없으며 말기에는 경련이나 혼수상태 등의 증상이 엿보이기도 한다.

원인

혈액을 여과시키는 사구체의 염증, 선천적인 염증 등 다양하다. 급성 신부전이 이행하는 경우도 있다.

치료와 간호

일단 나빠진 신장의 기능은 다시 회복되지 않고 계속 악화되기 때문에 치료는 최대한 증상을 완화시키는 것이 목적이다. 증상에 맞게 식사요법이나 약물 투여, 수액 등의 치료가 진행된다. 인공투석이나 신장이식은 특별한 시설에서만 가능하고 아직 일반적이지 않다. 장관 내에서 독소를 흡수하는 작용을 하는 카본계 내복약이나 신장병 전용 치료식을 주거나, 단백질이나 인, 나트륨을 삼간 식사요법을 통해 진행을 늦추고 좋은 상태를 유지시키는 예도 적지 않다.

요독증

신장의 기능이 저하되어 요소, 질소 등의 노폐물이 소변으로 배출되지 못하면 체내에 쌓여서 결국 요독증을 일으킨다. 다른 장기에도 심각한 영향을 미치고, 말기에는 경련이나 혼수상태 등의 신경증상을 일으킨다.

증상

기운, 식욕이 없어지고 구토나 설사, 빈혈 등을 일으킨다. 암모니아 냄새가 섞인 구취가 나는 경우도 있다. 체중 감소와 함께 모질이 나빠지고 빈혈, 부정맥, 경련, 혼수상태 등 다양한 증상이 나타난다.

원인

신부전증이 진행되면서 체내에 독소가 축적되어 일어난다.

치료와 간호

수액을 맞히는 동시에 약물요법, 식사요법을 병행한다.

사구체신염

사상체는 신장 내에 얇은 혈관이 모여 털뭉치처럼 된 기관으로 혈액을 여과하는 기능이 있다. 사구체신염은 급성 신부전이나 만성 신부전의 원인 중 하나가 된다. 가벼울 때에는 특별한 증상이 없기 때문에 알아차리지 못하는 경우도 적지 않다. 일반건강진단의 소변검사나 혈액의 생화학적 검사로 발견되는 경우도 있다.

증상

급성인 경우는 급성 신부전의 증상이, 만성인 경우에는 만성 신부전의 증상이 나타난다. 단 다른 질병에 걸렸을 때 일어나는 경우도 많은데, 이 경우에는 원인이 되는 질병에 따라 증상이 다양하다.

원인

바이러스 감염이나 기생충, 용혈성 빈혈, 종양, 췌(장)염 등 다양한 원인에 의해 몸의 면역기구에 이상이 일어나 발병하는 것으로 보인다. 또 유전적으로 걸리기 쉬운 견종도 있는 것으로 보인다.

치료

원인이 되는 질병이 판명되면, 그 질병을 치료한다. 그와 동시에 신부전을 치료한다.

네프로제 증후군(신장증)

네프로제 증후군은 병명이라기보다 단백뇨나 저알부민혈증, 고콜레스테롤 혈증, 부종(몸이 부어 있는 상태), 복수 등이 보이는 질병을 통틀어 부르는 방법이다.

증상

몸이나 다리가 붓거나 배에 물이 고이는 복수 등의 증상이 나타난다. 단백뇨가 나오거나 혈액 중의 콜레스테롤이 증가한다. 위험한 요독증으로 이행되는 경우도 적지 않다.

원인

사구체신염이나 신아미로이드시스라는 질병이 주요 원인이다. 단백질이 소변으로 새어 나와 혈중 단백질이 감소하고 혈관에서 수분이 체내로 새어 부종이 생기거나 복수가 차게 된다.

치료와 간호

원인이 되는 질병을 치료한다. 부종이 심한 경우에는 이뇨제를 투여한다. 이에 맞춰 저단백, 저나트륨 식사요법을 실시하는데 단백질은 너무 제한하지 않도록 한다. 신장병용 치료식을 응용하는 것도 좋다.

신우신염

신장에서 만들어진 소변이 모이는 장소가 신우이며, 이 신우에 염증을 일으키는 것이 신우신염이다. 만성 신우신염인 경우 증상이 크게 나타나지 않고, 서서히 만성 신부전으로 전이된다.

증상

급성인 경우와 만성인 경우가 있다. 급성인 경우에는 발열을 하거나 구토, 식욕부진 등과 같은 증상이 나타나고 방광염과 비슷한 증상을 보인다. 만성인 경우에는 물을 많이 마시고 소변량이 증가하는(다음, 다뇨) 외에 아무런 증상이 없기 때문에 염증이 번져 신부전이 될 때까지 알아차리지 못하는 경우도 적지 않다.

원인

소변은 신우, 요관, 방광, 요도 순으로 흐르는데, 신우보다 아래쪽에 감염 세균이 올라와서 일어난다.

치료

완치될 때까지 항생물질을 충분한 기간 동안 투여한다. 신부전으로 진행되고 있는 경우에는 그에 맞는 치료를 한다.

방광염

비뇨기계 중에서도 잘 걸리는 질병으로, 방광에 세균이 감염되어 염증이 일어나는 상태이다. 수컷보다 암컷의 요도가 더 짧아서 세균이 침입하기 쉽기 때문에 감염되는 경우가 많이 보인다.

증상

다음, 다뇨의 증상이 보인다. 소변 보는 포즈를 자주 취하지만 나오지 않는 경우도 있다. 소변은 탁하거나 색이 진하며, 정상일 때에 비해 냄새가 강하게 나기도 한다. 발열하는 경우도 있고, 식욕이 떨어지고 기운이 없어지기도 한다.

원인

대장균, 포도구균 등의 세균이 요도로 침입해 방광에 감염되어 염증을 일으킨다. 대부분의 경우에 만성화되고 염증이 번져 요로를 거슬러 올라가 신우신염을 일으키기도 한다. 간혹 추위나 스트레스도 원인이 되는 경우가 있다.

치료와 간호

항생물질이나 항균제 등을 장기 투여한다. 만성화되거나 재발하기 쉬운 질병이므로 한 번이라도 방광염에 걸렸던 적이 있다면 평소 주의를 기울이도록 한다. 식사에 신경을 쓰고 저항력이 떨어지지 않도록 건강 관리가 필수이다.

요로결석증

긴 빈 노 자 대 소 ♂ ♀

신장, 요관, 방광, 요도 중 한 곳에 무기질의 결석이 생기는 질병이다. 결석이 존재하는 위치에 따라 신결석, 요관결석, 방광결석, 요관결석이라고 한다. 소변 속의 성분이 결정화되고, 차츰 커져서 결석이 되면 방광벽이나 요도에 상처를 낸다. 대부분 방광에서 만들어지는데 이 경우 결석은 요도를 지나 이동하며 결석의 크기에 따라서는 요도가 막히는 경우도 있다. 결석의 성분에 따라 스트루바이트 결석이나 수산칼슘 결석, 시스테인 결석 등으로 나뉠 수 있다.

증상

혈뇨가 나오거나 소변 횟수가 많아지거나 적어지는 등 소변에 이상이 생긴다. 결석이 완전히 막혀버리면 배뇨 포즈를 취해도 전혀 나오지 않게 된다. 가장 많은 방광결석의 경우에는 빈뇨가 되거나 소변을 잘 못 보는 경우가 많지만 증상이 없는 경우도 있다. 소형견에서는 큰 결석이 생기면 방광 근처를 만졌을 때 단단한 응어리가 느껴지기도 한다. 요도결석은 요도가 긴 수컷에게 많고 혈뇨, 배뇨곤란, 뇨폐색 외에 소변을 볼 때마다 통증을 일으키기도 하고 갑자기 중독증을 일으키기도 한다.

원인

결석은 핵이 되는 세균 등에 소변 속의 성분이 달라붙어 생긴다. 종류는 다양한데 견종에 따라 생성되기 쉬운 결석이 다르다. 대부분 방광에서 생성되고, 배뇨시 요도로 이동해 부진결석이 된다. 또 신장에서 만들어진 것은 윤뇨관으로 이동하여 요관결석이 된다. 어느 쪽이든 완전히 요로를 막아버리면 다양한 증상이 일어난다.

치료와 예방

결석의 종류에 따라 식이요법으로 녹일 수 있는 것도 있다. 대부분 세균에 감염되어 있기 때문에 항생물질을 투여한다. 결석이 요로를 막아버린 경우에는 가능한 빨리 수술로 제거해야 한다. 요도에 박힌 결석은 최대한 방광 안까지 밀어 올려서 적출하고 가능한 요도절개까지는 피한다. 결석을 제거한 후에는 재발 방지를 위해 반드시 식이요법을 해야 한다.

생식기 질환

수컷과 암컷의 생식기는 구조도 기능도 크게 다르다. 일반적으로는 새끼를 낳는 암컷 쪽이 생식기 질병에 더 잘 걸리는 것으로 알려져 있다.

♀ 암컷의 경우

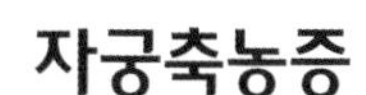

자궁축농증

자궁은 태아를 발육시키는 장소이다. 자궁에 세균이 감염되어 염증을 일으키고 고름이 쌓이는 것이 자궁축농증이다. 5세 이상의 암컷에게 발생하기 쉬우며 내부에 고름이 쌓여서 나오지 않는 경우에는 신속하게 치료를 하지 않으면 생명에 지장을 주기도 하는 위험한 질병이다.

증상

고름이 밖으로 나오는 개방형과 안에 쌓여서 배출되지 않는 폐색형이 있다. 양쪽 다 기운이 없어지고 물을 많이 마시게 되고 소변량이 증가하고(다음, 다뇨), 대부분의 경우에 외음부가 부어오른다. 개방형에서는 음부에 불쾌한 냄새가 나는 고름이나 혈농 등의 분비물이 나온다. 증상이 더 심한 것은 폐색형으로 자궁 내부에 대량의 고름이 쌓여서 임신한 개처럼 배가 부풀어 오르고 구토나 설사 등의 증상이 나타난다. 증상이 진행되면 빈혈이나 신부전을 일으킬 수도 있다.

원인

출산 경험이 없는 개나 한 번만 출산한 개가 걸리기 쉽다. 발정기에는 세균이 침입하기 쉽기 때문에 발정기 이후에 많이 발병한다는 특징이 있다. 감염에 대한 저항력이 약해져 있으면 세균이 번식하고 화농화가 일어난다.

치료와 예방

통상 수술에 의해 자궁을 적출한다. 새끼를 꼭 낳게 하고 싶을 때에는 항생제 등의 투여로 치료할 수도 있다. 가정에서는 발정기 2~3개월 후에 잘 관찰하고 신경 쓰도록 한다. 새끼를 원하지 않는 경우에는 중성화 수술을 받으면 이 질병에 걸리지 않는다.

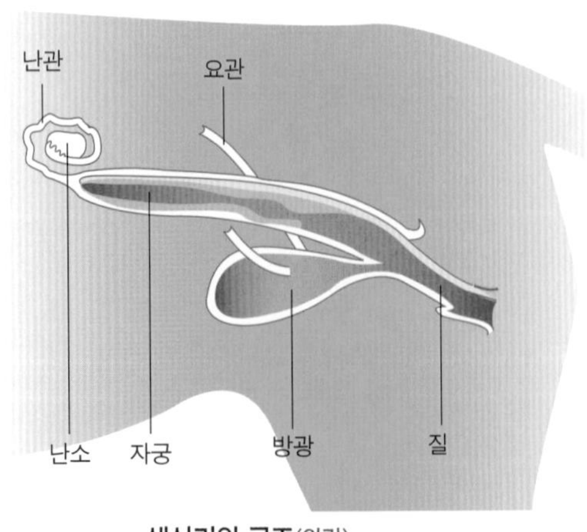

생식기의 구조(암컷)

질탈

긴 빈 노 자 대 소 ♂ ♀

질벽 전체가 외부로 나오는 질환이다. 난산이나 분만 시의 진통이 심해서 일어난다. 발견이 늦으면 탈출한 부분이 괴사를 일으키기도 한다.

증상

질이 밖으로 나온다. 자연적으로 돌아가는 경우는 없다. 탈출이 심하면 배뇨가 곤란해지기도 한다.

원인

분만 시의 과도한 진통이나 교배시의 충격, 변비로 인한 복압 등도 원인이 된다.

치료

환부를 소독 · 세정한 후에 윤활제를 사용해 몸속으로 밀어 넣는다. 탈출을 반복할 때에는 복강 안에 꿰매기도 한다. 탈출한 조직이 괴사를 일으키기도 하는데 이 경우에는 절개해야 한다.

난소 종양

발생률은 높지 않지만 양성의 과립막세포종이 가장 많이 발생한다. 고령에 출산 경험이 적은 개에게 주로 발병한다.

증상

보통 한쪽에만 발생하는 경우가 많고 복부의 촉진으로 발견할 수 있을 정도로 커지기도 한다. 복수가 차서 배가 부어오르기도 한다.

원인

양성 과립막세포종 외에 선종, 선암, 난포막세포종 등이 있다. 다른 종양과 마찬가지로 유전이나 환경에 의해 일어난다.

치료와 예방

난소, 자궁의 적출 수술 등을 한다. 전이가 없다면 치료 가능하다. 걱정이 된다면 일찌감치 중성화 수술을 시키면 이 병에 걸리지 않는다.

유선염

유선은 부생식기관이다. 분만 후에 혈액 속의 영양소를 모유로 바꾸는 것이 유선의 기능이다. 유선염은 유두를 통해 유선으로 세균이 침입해 염증을 일으킨 상태로, 출산 후나 발정 후에 많이 볼 수 있다.

증상

유방 색이 붉어지고 열이 난다. 멍울이 생기거나 젖이 나오기도 한다. 식욕부진에 빠지기도 하고, 염증이 심해지면 피부나 피하조직이 괴사된다. 출산 후의 수유기나 발정 후에 많이 발생하므로 그 시기에 특히 주의해야 한다.

원인

새끼에 의해 외상이 생겼거나 위생상태가 좋지 않은 것이 원인이며, 세균에 감염되어 발생한다. 젖이 다량 분비되는 것이 원인이 되는 경우도 있다.

치료와 간호

항생물질을 투여하고, 염증이 심할 때에는 유선을 차갑게 해준다. 수유 중인 어미라면 증상을 개선시키면서 수유를 계속할지 인공포유로 바꿀지를 결정해야 한다.

유선 종양

긴 빈 노 자 대 소 ♂ ♀

암컷에게 발생하는 종양 중에서 가장 많은 것이 유선 종양으로, 악성인 경우가 소위 유방암이다. 나이가 많아질수록 유방암에 걸릴 위험률이 증가한다. 여성호르몬과 관련 있는 것으로 보이며 2.5세 전에 중성화 수술을 하면 발병률이 낮으며 노령의 암컷에게 발생률이 높은 경향이 있다.

증상

복부나 유두 주변에 멍울이 생긴다. 제4, 제5 유선의 발생률이 높고, 제1 유선에서는 거의 발생하지 않는다. 반 정도가 악성 유방암으로 전이될 가능성이 크기 때문에 주의가 필요하다.

원인

최초의 발정 전인 생후 6개월령 정도 사이에 중성화 수술을 받은 경우에는 발생률이 1% 이하라는 보고가 있다. 또 수술을 받은 연령에 따라 발생률이 다르기 때문에 분명 난소의 기능이 발병에 관여하고 있는 것으로 보인다.

치료와 간호

종양만 수술하거나 전 유선을 잘라내거나, 경우에 따라서는 난소나 자궁을 적출하기도 한다. 연령이나 질병의 진행 상태를 고려해서 결정해야 한다. 양성인 경우에는 재발 위험이 거의 없지만, 악성인 경우에는 전이나 재발이 있을 수 있기 때문에 경과를 관찰해야 한다.

정유정소

긴 빈 노 자 대 소 ♂ ♀

수컷의 정소(고환)는 어미의 태내에 있을 때에는 신장 가까이 있다가 출생 시 또는 출생 직후에 음낭으로 정리되는데, 개에 따라서는 정상적으로 내려오지 않고 한쪽 또는 양쪽이 배에 머물러 있는 경우가 있다. 이것을 정유정소라고 한다. 한쪽뿐인 경우에는 생식능력은 있지만, 양쪽 다 머물러 있는 경우에는 새끼를 낳을 수 없다. 유전적인 요소가 있기 때문에 교배를 권하지 않는다.

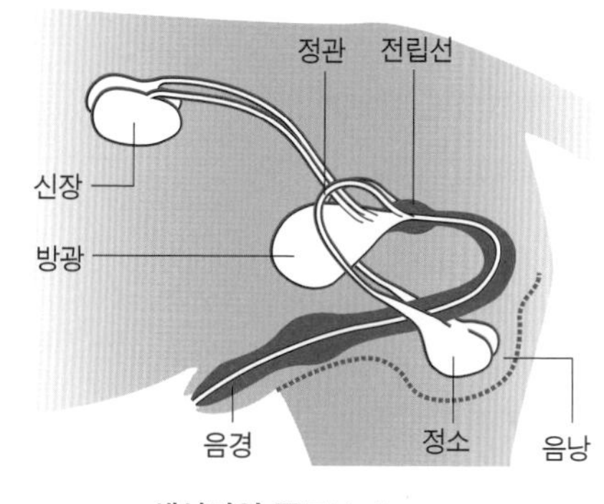

생식기의 구조(수컷)

증상

이렇다 할 증상은 없지만 내버려두면 정소 종양이 되는 경우에 뱃속에 정소가 있기 때문에 종양이 커질 때까지 알아차리기 어렵다.

원인

유전에 의한 것으로 보인다. 굳이 따지자면 소형견에게 많이 보인다.

치료

종양이 발생할 리스크가 높기 때문에 대부분의 경우에는 적출수술을 권한다.

정소 종양

정소 종양은 정소(고환)에 생기는 종양으로 정소가 부풀어 오르기도 한다. 양성인 경우가 많은 종양이지만 드물게 다른 부위로 전이하기도 한다. 고령견에게 많이 발병하며, 정유정소인 개의 경우 좀 더 걸리기 쉽다.

증상

정소가 음낭 안에 있는 경우에는 정소가 부어오르기 때문에 알아차릴 수 있다. 정소가 정상 위치에 없는 정유정소인 개는 복부에 멍울이 생기거나 부어오르기도 한다. 종양이 여성호르몬을 분비시키기 때문에 암컷처럼 유선이 붓거나 배의 털이 빠지는 경우도 있다.

원인

다른 종양과 마찬가지로 원인은 잘 알려져 있지 않다. 양성이 대부분이다.

치료

수술로 정소를 적출한다. 정소 종양은 중성화 수술로 예방할 수 있다. 정유정소는 일찌감치 적출하는 것이 좋다.

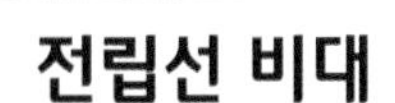

전립선 비대

전립선은 수컷에게만 있는 기관이다. 호르몬 불균형으로 발생하는 전립선 비대는 중성화 수술을 하지 않고 나이를 먹은 개에게 많은 질병으로, 대부분의 경우에 증상이 나타나지 않지만 증상이 없는 경우에도 노견의 절반 정도는 전립선이 비대해져 있다고 한다.

증상

대부분의 개에게는 증상이 나타나지 않는다. 비대 자체에는 증상이 없고, 간혹 비대해지면서 주변에 있는 장이나 방광, 요도를 압박하기 때문에 증상이 나타나는 경우가 있다. 배변 횟수가 증가함에도 불구하고 변비가 일어나거나 변이 얇아지기도 한다. 혈뇨가 나오기도 하고 배뇨를 어려워하기도 한다. 전립선염을 동반하는 경우에는 통증도 생긴다.

원인

쇠약한 정소에서 정소호르몬이 제대로 분비되지 않아 밸런스가 무너지면서 일어나는 것으로 보인다.

치료와 간호

변비 등을 완화시키는 치료를 한다. 중성화 수술을 하면 전립선이 축소되어 치유가 된다. 노견 등에게는 호르몬요법을 하는 경우도 있다. 가정에서는 변비라면 섬유질이 있는 것을 많이 먹이거나 관장을 해준다. 이 질병은 어릴 때 중성화 수술을 시키면 발병하지 않는다.

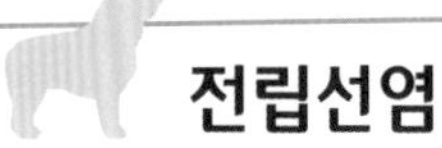

전립선염

전립선 비대와 마찬가지로 전립선이 커지는 질환으로, 전립선이 세균에 감염되어 염증을 일으킨 상태이다. 중성화 수술을 하지 않은 성견, 노견에게서 많이 보인다.

증상

급성인 경우와 만성인 경우가 있다. 급성에서는 소변이 잘 나오지 않게 되고, 식욕부진 등의 증상이 나타나고 소변 색이 탁하거나 혈뇨를 보는 일이 있다. 염증이 심하면 통증이 심해지는 경우가 있고, 통증 때문에 걷는 모습이 이상해지거나 등을 둥글게 웅크리는 자세를 취하게 된다. 만성의 경우에는 증상이 가볍고 비대하지도 않지만 세균에 감염되어 있기 때문에 방광염의 원인이 되기도 한다.

원인

요도로 침입한 대장균이나 포도구균 등의 세균이 전립선에 침입하여 감염되어 일어난다.

치료와 예방

항생물질이나 항생제를 투여한다. 재발률이 높은 질환이므로 재발을 방지하기 위해 중성화 수술을 하는 경우도 있다.

전립선 농양

긴 빈 노 자 대 소 ♂ ♀

세균에 감염되어 전립선 안에 고름이 쌓인 상태이다. 전립선염이 원인이 되어 발생하는 경우가 많다.

증상

소변에 피나 고름이 섞이고 탁하다. 소변이 나오지 않게 되거나 새는 것 외에도 설사나 변비를 일으키거나 열이 나기도 한다. 요로감염증을 집요하게 반복하게 된다.

원인

전립선염이나 전립선 비대에 요로감염증이 추가되면서 발생하는 것으로 보인다.

치료

항생물질이나 항균제를 투여하고 중성화 수술을 한다. 개복수술로 고름을 제거하기도 한다.

전립선 농포

전립선의 조직 사이에 액체가 쌓여 전립선이 상당한 크기가 되어 근처에 있는 장기를 압박하는 상태이다. 그 때문에 다양한 증상이 나타난다.

증상

장이나 방광을 압박하고 배변이나 배뇨가 곤란해지거나 하복부에 통증이 생기기도 한다. 고인 액체에는 피나 고름이 섞이는 경우도 많아서 혈뇨나 농뇨가 나오게 된다. 배가 커 보이기도 한다.

원인

전립선 비대나 전립선염에 의해 전립선의 분비액이 배설되지 못하게 되기 때문에 조직 안에 공포가 생겨 분비액에 쌓이게 되어 발생한다.

치료

중성화 수술을 한다. 전립선의 적출수술이나 농포를 잘라내기도 한다.

뇌와 신경 질환

뇌는 몸의 사령탑이며 신경은 몸의 구석구석까지 골고루 미치면서 뇌와 함께 모든 기관을 컨트롤한다.
작은 장애가 몸에 큰 영향을 미치는 경우가 적지 않다.

간질

갑자기 의식을 잃거나 온몸이 경련하는 발작이 수십 초 동안 계속된다. 안정되면 보통 상태로 돌아오지만 한 달 사이에 몇 번씩 발생하는 경우가 있다.

증상

갑자기 사지가 경직되면서 경련을 일으키고 의식을 잃고 쓰러진다. 증상 정도에 따라 입에서 거품이 끓어오르거나 호흡곤란을 일으키고 대변이나 소변을 지리기도 한다. 발작은 수십 초 정도 후에 가라앉으면서 마치 아무 일도 없었던 듯한 모습을 보이지만, 간혹 발작 후에 이상한 식욕을 보이거나 물을 대량으로 들이키거나 혼수상태가 되기도 한다. 발작이 몇 차례 반복되는 경우라면 생명에 지장이 있을 수도 있으므로 서둘러 수의사에게 문의하도록 한다.

원인

뇌의 신경세포에 변화가 일어나고 긴장상태가 되면서 발생한다. 선천적으로 뇌에 이상이 있는 경우나 뇌의 염증, 종양, 외상 등이 원인이 되는 경우도 있다. 또 과도한 정신적 스트레스 등이 뇌에 영향을 미쳐서 발병하기도 한다.

치료와 간호

항간질제를 응용하면 발작을 억제할 수 있다. 증상이나 일반검사로 원인을 조사할 수 있는데 CT나 MRI 검사 등을 하면 변병부를 특정할 수도 있다. 발작이 언제 어떤 상황에서 일어났는지 기록해두고 원인을 알아본다. 발작 중에 소란을 피우면 혼란에 빠진 개가 물 수도 있으니 버둥거리는 개가 다치지 않도록 반려인은 침착하게 대처해야 한다.

전정장애

귀에서 뇌로 연결되는 평형감각을 다스리는 전정 부위에 이상이 생기는 질환이다. 몸의 균형이 무너져 항상 고개가 기울어 있고 빙글빙글 돌다가 쓰러지기도 한다.

증상

갑자기 증상이 나타나는 경우가 많고 고개가 기울어진 상태인 것이 특징이다. 눈이 부자연스럽게 파르르 떨리는 경우도 있다. 평형감각을 잃었기 때문에 심해지면 밥도 제대로 먹지 못하게 된다.

원인

귀 속에 있는 내이의 종양이나 염증이 원인이다. 또 나이가 원인인 경우도 있는데 노견에게 많이 발병하는 경향이 있다.

치료

항생물질이나 스테로이드제를 투여하고 적절한 치료를 하면 며칠에서 몇 주 사이에 병상을 개선할 수 있다. 후유증으로 고개가 기울어진 상태가 지속되기도 하므로 이상이 보이면 조기에 진찰받도록 한다.

수두증

뇌 속을 채우고 있는 뇌척수가 증가해 뇌를 압박하면서 행동이 이상해지거나 제대로 걷지 못하게 되는 등의 장애를 일으키는 질병이다. 치와와나 요크셔테리어 등의 소형견이나 퍼그, 불독 등의 단두종에게서 많이 발견된다.

증상

평소처럼 걷지 못하게 되는 등의 운동장애나 의식장애가 발생한다. 일상적인 행동에 이상이 발생하여 동작이 완만해지거나 반대로 쉽게 흥분한다, 난폭해진다, 잠만 잔다, 치매가 보인다 등의 증상이 나타난다. 경련 발작을 일으키기도 한다.

원인

유전적으로는 두부가 크고 두 개의 두정골의 발달이 미숙해서 선문이 완전히 닫혀 있지 않은 예가 많이 접수되고 있다. 뇌척수는 일정량이 뇌의 내부를 순환하고 있는데, 그 흐름이 막혔거나 이상이 많아져서 뇌압이 높아진다. 후천적으로는 바이러스 감염이 원인이 되는 것으로 알려져 있다.

치료

뇌압강하약을 사용하거나 체내의 수분을 줄이기 위해 이뇨제를 투여한다. 고인 체액을 배출하는 수술도 있지만 일반적으로는 하지 않는다. 치료를 한다고 반드시 살릴 수 있다고는 할 수 없는 질병이다.

저혈당증

혈당의 농도가 매우 낮아지기 때문에 몸의 에너지가 부족해지면서 축 늘어져 경련이나 마비 등의 신경증상을 일으킨다. 생후 3개월까지의 새끼 때 많이 발병하지만 성견도 발생하는 경우가 있다.

증상

몸에 힘이 들어가지 않고 기운을 잃거나 축 늘어져 보인다. 증상이 심해지면 호흡이 거칠어지고 경련발작을 일으키거나 하반신이 마비되거나 혼수상태에 빠지기도 한다.

원인

새끼 때에는 이유 직후의 환경 변화나 스트레스, 몸의 냉기나 굶주림, 소화기의 이상에 의해 발생한다. 성견이나 노견 등은 혈당치를 컨트롤하는 인슐린 호르몬이 과잉으로 분비되어 발병한다. 공복 시나 운동으로 당분이 부족했을 때에도 일어나는 경우가 있다.

치료와 간호

포도당을 주입하여 치료한다. 가정에서의 처치로는 적절한 식사를 주는 것이다. 당분을 주는 것도 한 방법이다.

안면신경마비

눈꺼풀을 갖지 못하게 되거나 입술이나 귀가 움직이지 않게 되는 등 신경에 장애가 일어났기 때문에 얼굴 일부의 근육이 이완된 상태로 있는 질환이다.

증상

양쪽 얼굴 중 한 곳에 일어나는 경우가 많고 눈꺼풀이나 입술, 귀 등의 근육에 힘이 들어가지 않아서 처지기 때문에 눈물이나 침이 흘러내린다. 대부분은 1~2개월 정도 지나면 회복되는데 그 이상 경과해도 낫지 않고 지속되는 경우도 있다. 눈이 감기지 않게 되거나 건조성 각막염 등의 안질환을 일으키기도 한다.

원인

대부분 원인이 밝혀지지 않았지만 갑상선의 기능 저하나 중이염, 내이염, 안면신경 외상 등이 원인이 되는 경우가 있다.

치료와 간호

신경의 염증을 가라앉히거나 혈류를 좋게 하는 약을 투여한다. 치료는 원인에 따라 다르지만, 불명인 경우에는 회복이 어려워지기도 한다. 마비의 악화나 후유증을 막기 위해서는 조기치료가 중요하다.

추간판 헤르니아

긴 빈 노 자 대 소 ♂ ♀

등뼈의 뼈 사이에 있는 추간판은 뼈끼리 부딪치지 않도록 쿠션 역할을 한다. 그 추간판이 튀어나와 신경을 압박하고, 다양한 장애를 일으키는 상태이다. 심해지면 하반신이 마비되는 경우도 있다. 닥스훈트 같은 동체가 긴 견종에게 발생하기 쉽고 견종 불문하고 노화에 의해서도 발생하는 질환이다.

증상

특히 등줄기를 따라 심한 통증이 있어서 걷는 모습이나 자세가 이상하고, 등을 만지면 아파하며, 안으려고 하면 싫어하기도 한다. 악화되면 하반신이 마비되어 앞다리로만 걷게 되고, 통각도 마비되기 때문에 꼬집어도 반응하지 않는다. 이런 증상은 중증일 때 나타나므로 적절한 처치를 하지 않으면 평생 걷지 못할 수도 있다.

원인

닥스훈트나 코기처럼 동체가 긴 견종은 등의 부담이 크기 때문에 발생하기 쉬우며, 그 외에 비글, 시추, 페키니즈 등에게서도 흔히 볼 수 있다. 너무 마르거나 비만이거나 노화, 과격한 운동 등이 원인이 되기도 한다.

치료와 예방

안정을 취하고 평소 스테로이드제나 레이저 치료 등으로 통증을 완화하는데, 병변 부위에 특수한 약제를 주입하는 방법이 실시되기도 한다. 증상이 심한 경우에는 수술로 환부를 도려낸다. 평소 체중을 관리하고, 근육이 쇠퇴하지 않도록 하는 것이 예방방법이다. 특히 발병하기 쉬운 견종을 기르는 경우에는 등뼈에 충격을 주는 과격한 운동은 삼간다.

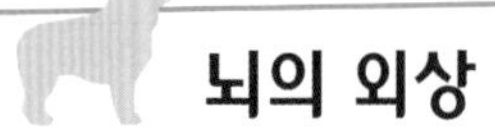

뇌의 외상

긴 빈 노 자 대 소 ♂ ♀

교통사고나 높은 곳에서의 추락, 싸움 등 외부에서의 충격에 의해 뇌에 손상이 생기는 상황이 발생할 수 있다. 그로 인해 몸에 다양한 신경증상이 발생한다.

증상

손상된 부위에 따라 증상이 다양하다. 고개를 기울인다, 걷거나 서지를 못한다, 의식이 혼탁하다, 혼수상태가 된다, 경련을 일으킨다, 앞이 보이지 않는다 등의 증상이 발생한다. 뇌압이 이상하게 높아지기도 한다.

원인

심한 충격에 의한 뇌출혈이나 붓기, 혈행장애, 두개골 골절 등이 원인이 된다.

치료와 간호

쇼크 상태가 되는 일이 많기 때문에 먼저 수액 등으로 구명처치를 한다. 뇌의 장애를 최대한 적게 하기 위해서 스테로이드제를 투여하고 각종 검사 결과에 따른 치료를 한다. 두부에 손상을 입었을 때에는 안정을 최우선으로 생각하여 의사에게 왕진을 부탁하거나 병원에 데려갈 때에는 두부에 큰 진동을 주지 않도록 조심스럽게 옮긴다.

변형성 척추증

긴 빈 노 자 대 소 ♂ ♀

나이가 들면서 등뼈에 변형이 일어나는 질병이다. 일종의 노화현상으로 생각할 수 있는데 대부분의 견종에게서 보이며 그중에서도 대형견에게 많이 발병하는 경향이 있다. 등이나 허리에 통증이 나타난다.

증상

증상이 없는 경우도 많지만 허리나 등에 통증이 발생할 때에는 만지거나 억지로 걷게 하면 아파한다. 만성화되는 일이 많고 서서히 진행되어 걷는 방식에 이상이 생기고, 뒷다리를 질질 끓거나 일어나지 못하게 되기도 한다.

원인

등뼈를 형성하고 있는 추체라는 뼈가 화골 변형되어 옆으로 튀어나와 신경을 압박하면서 발생한다.

치료와 간호

환부를 따뜻하게 하는 온열요법이나 초음파요법 등을 실시하고, 증상에 따라 소염제나 진통제를 준다. 수술을 하는 경우도 있다.

내분비 질환

하수체, 부신, 갑상선 등의 내분비 기관은 호르몬을 분비하여 몸의 기능을 컨트롤한다.
호르몬의 분비량이 너무 많거나 적으면 몸에 이상이 생긴다.

부신피질 기능항진증(쿠싱 증후군)

부신피질에서 분비되는 호르몬 중 당 대사를 조절하는 호르몬이 이상하게 많이 분비되면 발생하는 질병이다. 다음다뇨, 하복부 수체, 탈모 등 다양한 증상을 일으킨다. 주로 7세 이상의 고령견에게 발생하며 푸들, 닥스훈트, 포메라니안, 복서, 보스턴 테리어 등에게서 많이 발견된다.

증상

목이 말라서 물을 많이 마시게 되고, 그로 인해 소변 횟수나 양이 증가한다. 대부분의 경우 식욕이 증진해서 평소보다 많이 먹는다. 털이 버석거리며 윤기를 잃고 몸의 양쪽 좌우대칭으로 탈모되는 것이 특징이다. 근육이 탈력 · 위축되기 때문에 복부가 늘어지고 다리 힘이 약해진다. 당뇨병을 병발하는 경우가 많다.

원인

대부분은 뇌하수체에 생기는 종양 등이 원인이며, 부신피질자극호르몬이 과다하게 분비되어 일어난다. 부신 자체에 생기는 종양 같은 이상 때문에 발생하는 경우도 있다. 또 염증이나 알레르기 등 다른 질병을 치료하기 위해서 장기간 스테로이드 약을 사용할 때 일어나는 경우도 종종 있다.

치료와 예방

만성적인 질병이므로 특수한 약제를 장기간, 질병의 정도에 따라서는 평생 투여해야 할 수도 있다. 다른 질병의 치료가 원인인 경우에는 사용 중이던 스테로이드제를 서서히 줄여야 한다. 고령이 되면 걸리기 쉬운 질병이므로 정기적으로 건강검진을 받는 것이 좋다.

부신피질 기능저하증(애디슨병)

긴 빈 노 자 대 소 ♂ ♀

쿠싱 증후군과는 반대로 부신피질 호르몬이 부족한 질병이다. 증상이 갑자기 나타나기 때문에 심각한 경우에는 순식간에 사망하기도 한다. 암컷에게 많이 보이고 푸들이나 콜리에게 많이 발병한다.

증상

기운이 없어지고 식욕부진, 근력저하, 설사나 구토 등의 소화기 증상이 나타난다. 체중 감소와 함께 물을 많이 마시고 다량의 소변을 보며 걷는 것을 싫어하기도 한다. 갑자기 증상이 나타나기도 하고, 심한 쇼크 증상을 일으켜서 긴급을 요하는 경우가 많으며 신속한 치료가 필요하다.

원인

부신 자체가 위축되거나 뇌하수체나 약 등이 원인이 되어 부신피질 호르몬이 분비되면서 발생한다.

치료와 간호

급성인 경우에는 상태를 개선하기 위해서 신속히 치료해야 한다. 그 후에는 수액이나 주사로 호르몬을 투여한다. 만성적인 경우에는 무기질 코르티코이드라는 약을 평생 투여해야 할 필요가 있다.

당뇨병

긴 빈 노 자 대 소 ♂ ♀

혈당수치를 내리기 위해서 췌장에서 분비되는 인슐린 호르몬이 부족해서 일어나는 질병이다. 혈액 내의 당이 증가하면 다양한 부조화가 발생하는데, 내버려두면 생명을 앗아가는 질병으로 진행되기도 한다. 수컷에 비해 암컷의 발병률이 높다.

증상

목이 말라서 물을 자주 많이 마시고 소변량이 증가하는 다음다뇨의 증상이 나타난다. 먹는 양은 증가하지만 인슐린이 부족해서 대사가 나쁘기 때문에 오히려 체중은 감소한다. 증상이 진행되면 백내장이나 당뇨병성 신증 등의 합병증이 발생한다. 방치하면 당뇨병성 케토애시도시스ketoacidosis 상태가 되어 탈수나 혼수상태를 일으키고 목숨을 잃기도 한다.

원인

유전적인 요소도 있지만 비만이 원인이 되는 경우도 흔하다. 스트레스나 발정기 후기에 분비되는 호르몬 관계로 발생하는 경우도 있다. 나이를 먹은 개에게 많이 발병한다.

치료와 예방

기본적으로 식사요법을 하고 증상이 심한 경우에는 인슐린을 투여한다. 인슐린은 장기적으로 투여해야 하므로 수의사의 지시에 따라서 반려인이 매일 주사하는 경우도 있다.

갑상선 기능저하증

성장을 촉진시키거나 대사를 진행시키는 갑상선에서 분비되는 호르몬이 감소하는 질병이다. 고령의 대형견에게 많이 발병하는데, 운동을 싫어하거나 이상하게 추위를 타게 되는 등 다양한 증상이 나타난다. 반대로 이 호르몬이 증가하는 갑상선 기능항진증이라는, 식욕이 이상하게 증가하고 불안정해지는 질병이 고양이에게 있는데 개에게는 그다지 발병하지 않는다.

증상

기운이 없어지고 꾸벅꾸벅 졸거나 추위를 타는 일이 잦아진다. 단순한 노화현상처럼도 보이기 때문에 반려인이 알아차리지 못하는 경우도 많다. 피부가 거칠어지고 피모도 윤기를 잃고 탈모가 증가한다. 또 피부가 거뭇하게 두꺼워지고 상피병 같은 피부병이 발생하는 경우가 많아지는데 이렇게 되면 치료하기 어려워진다.

원인

갑상선에서 분비되는 호르몬이 줄어들고 피부의 신진대사가 나빠진다. 갑상선이 변성을 일으키는 자기면역성 질환으로 유전적인 요소도 있는 것으로 보인다. 생활환경이나 스트레스 등에서 발생하는 경우도 있는 것 같다.

치료와 예방

갑상선 호르몬제를 투여해 호르몬의 밸런스를 맞춘다. 용량을 조절하면서 평생 계속 먹여야 한다.

요붕증

소변의 과다배출을 막는 호르몬에 이상이 생기거나 신장에 문제가 있기 때문에 물을 많이 먹고 소변을 많이 보는 다음다뇨가 되는 질병이다.

증상

다음다뇨 외에 이렇다 할 증상은 없다. 1일 소변량은 체중 1kg당 60mL 이하가 평균인데 요붕증에 걸리면 100mL 이상의 소변을 보고, 많으면 300mL까지도 배출한다. 밤중에도 몇 번씩 배뇨를 하기 때문에 반려인이 수면부족에 빠지기도 한다. 수분을 극단적으로 제한하면 단시간에 탈수증상을 일으킨다.

원인

뇌하수체에서 분비되는 항이뇨호르몬에 이상이 있거나 혹은 신장의 기능에 이상이 있기 때문에 소변 유출을 컨트롤할 수 없어 발생한다.

치료와 간호

약물로 치료할 수 있다. 치료를 계속하면 탈수증상을 일으키지 않도록 음수량을 조절해야 한다.

상피소체 기능항진증·저하증

긴 빈 노 자 대 소 ♂ ♀

상피소체 호르몬의 일종이 과다하게 분비되거나 부족하면 칼슘 대사에 장애가 생긴다. 분비량이 증가하는 것을 상피소체 항진증, 감소하는 것을 상피소체 저하증이라고 한다.

증상

항진증에서는 물을 자주 마시고 다량의 소변을 보는 다음다뇨 증상 외에 큰 변화는 없지만 저하증에서는 불안, 초조해지고 신경질적이 된다. 또 몸의 근육이 뻣뻣하거나 걷는 모습이 이상해지거나 경련을 일으키기도 한다. 뼈가 약해지기 때문에 쉽게 골절된다.

원인

상피소체의 이상, 신장 기능의 저하, 칼슘이나 비타민 D의 결핍 등으로 항진증이 발생한다. 또 저하증은 선천적이거나 다른 질병 치료를 위해 받은 수술로 인한 영향 등으로 일어난다.

치료

항진증은 상피소체를 수술로 절제한다. 원인에 따라서는 칼슘제의 투여나 식사요법을 실시한다. 저하증의 치료에는 칼슘제나 비타민 D를 투여한다.

뼈와 관절의 질병

뼈나 관절의 질병은 사고 같은 부상에 의한 것 외에 유전적인 요인이나 발육환경, 비만 등에 의해서도 발병한다. 부위에 따라서는 개의 생활에 상당한 지장을 준다.

골절

대부분의 골절은 사고 등의 충격으로 발생하는데, 뼈의 형성이 나쁘거나 구루병이나 뼈 종양 등에 의해서 뼈가 쇠약해지기 때문에 정상적이라면 버틸 수 있는 정도의 힘에도 쉽게 골절되는 경우가 있다. 다리 골절이 가장 많이 발생하며 체중을 지탱하지 못하고 바닥에 딛지 못하게 된다.

증상

골절된 개소에는 심한 통증이 따르고, 부어오르고 열이 동반되며 운동기능에 지장을 초래한다. 발생한 부위나 정도에 따라서 증상은 다양하다. 부러진 뼈가 피부를 뚫고 밖으로 튀어나오는 경우를 개방골절이라고 하는데 외부에 접촉되기 때문에 세균에 감염되기 쉽다. 피부가 다치지 않은 것은 폐쇄골절이다. 골절 부위의 모양에 따라 단순골절, 복잡골절 등으로 분류된다. 부러진 뼈가 큰 혈관을 손상시키면 큰 출혈을 일으키고, 등뼈가 손상되면 마비 등의 신경증상을 일으킨다.

원인

예기치 못한 외적인 힘이 가해져서 일어나는 골절을 외상성 골절, 질병 등으로 뼈가 물러지거나 영양밸런스가 좋지 않아 뼈의 형성이 불완전해서 일어나는 골절은 병적골절이라고 한다.

치료

응급처치로 피부가 찢어져 뼈가 보이는 경우에는 소독한 후에 2차 감염을 예방하기 위해서 재빨리 거즈 등으로 청결하게 한다. 판자나 박스 등을 간단한 지지대로 삼아 환부에 고정하고 가능한 움직이지 않게 해서 병원으로 데려간다.

골절 치료법은 다양한데, 기본은 뼈를 정상적인 위치로 되돌려 재생할 때까지 이탈을 막는 것이다.

탈구

긴 빈 노 자 대 소 ♂ ♀

관절부에 의해 연결되어 있는 뼈와 뼈가 관절에서 벗어나 정상적인 위치에서 벗어나는 것이 탈구이다. 탈구는 골절과 마찬가지로 사고 등의 외상에 의해 일어나는 경우가 많지만, 고관절이나 슬관절에서는 유전적으로 관절 형성이 불완전하기 때문에 발생한다. 류마티스성 관절염 등의 전신성 질병이 원인이 되어 발생하는 경우도 있다.

증상

증상은 탈구된 부위나 이탈된 정도에 따라 다양하다. 가벼운 경우나 부위에 따라서는 크게 통증을 느끼지 않고 붓기도 없는 경우가 있지만 일반적으로는 통증, 붓기, 운동기능 장애 등의 증상이 나타난다. 골절을 동반하는 경우도 많이 있다. 개에게 흔히 볼 수 있는 것은 고관절과 슬관절의 탈구이다. 그 밖에 족근관절, 수근관절, 선장관절, 견관절, 악관절 등에 발병한다.

원인

고관절 탈구는 사고나 추락 등 큰 충격을 받았을 때 일어나며, 그 밖에도 대형견에게 많은 고관절 형성부전이나 소형견에게 많은 레그 페르테스병 등도 탈구 원인이 된다. 족근관절 탈구는 뒷다리, 수근관절 탈구는 앞다리의 끝부분을 삐거나 밟혔을 때 발생한다. 발가락 골절이나 인대 파열을 동반하는 경우가 많다. 선장관절 탈구는 허리에 사고나 추락 등으로 큰 힘이 가해졌을 때 발생한다. 견관절은 사고에 의해 일어나는 외에 토이푸들이나 페키니즈, 요크셔테리어 등의 소형견이 유전적으로 잘 발생하며 겨드랑이에 손을 넣고 안아서 들어올리기만 했는데 이탈되는 경우도 있다. 악관절 탈구는 드물지만 사고 등에 의해 상악과 하악의 접합부가 어긋나는 경우가 있다. 슬관절 탈구는 무릎 관절 자체보다 무릎이 어긋나는 경우가 많다.

치료와 간호

X선 검사 후에 가능한 빨리 관절을 정상 위치로 되돌린다. 대부분은 마취를 하고 피부 위에서 힘을 가해 수복하는데, 외과수술이 필요한 경우도 적지 않다. 수복 후에는 환부를 고정해서 안정을 유지하고 약으로 염증을 가라앉힌다. 탈구는 습관성이 되는 경우가 많으므로 그 후의 생활 관리에 주의를 기울여야 한다.

슬개골 탈구

간 빈 노 자 대 소 ♂ ♀

무릎 관절 위에 있는 슬개골이 어긋나는 질병이다. 사고나 높은 곳에서 추락하는 등의 충격에 의해 발생하는데, 그 밖에도 선천적으로 관절의 형체가 나빠서 쉽게 탈구되는 견종도 있고 소형견에게 많이 발생한다.

증상

가벼운 경우에는 통증도 없고 개가 스스로 이탈을 치료하는 경우도 있지만, 심한 경우에는 어긋난 관절부가 붓거나 인대가 파열되어 아프기 때문에 다리를 질질 끌거나 들고 걷기도 한다. 안쪽으로 어긋났는지 바깥쪽으로 어긋났는지에 따라 방향은 바뀌지만 무릎 아래쪽이 뒤틀리고 다리가 완만하게 휘어서 O다리나 X다리가 된다.

원인

외상인 경우는 견종을 불문하고 일어나지만, 선천적인 형성이상은 토이푸들, 포메라니안, 요크셔테리어, 말티즈 등의 소형견에게서 흔히 볼 수 있다.

치료와 간호

외부에서 힘을 가해 원래대로 되돌릴 수 있는 경우도 있지만 대부분은 재발한다. 수술을 하는 것이 일반적이며 증상이나 정도에 따라 수많은 수술법이 있다. 다리의 변형은 시간이 지날수록 심해지기 때문에, 증상이 심한 어린 개의 경우에는 가능한 빨리 수술받는 것이 좋다. 탈구를 일으키기 쉬운 개라면 소파나 침대를 오르내리는 데 주의하고, 미끄러지기 쉬운 마룻바닥은 여러모로 연구하여 개선할 필요가 있다.

구루병·골연화증

균형이 맞지 않는 식사나 유전적인 비타민 D의 대사이상에 의해 뼈가 연화되어 약해지는 질병이다. 자견에서 뼈가 정상으로 성장하지 못하기 때문에 발생하는 것을 구루병, 성견의 뼈에 이상이 발생해 연화되는 것을 골연화증이라고 한다.

증상

구루병은 1~3개월 정도의 새끼가 걸리고 골연화증은 성견이 걸리는데, 관절이 붓고 변형되며 쉽게 골절되는 등 증상은 같다. 통증 때문에 운동을 싫어하고 뼈가 휘어서 X다리나 O다리가 된다. 늑골과 연골의 연결 부위에 붓기가 염주처럼 이어져 있어 구루병 염주 상태가 되기도 한다.

원인

칼슘, 인, 비타민 D가 부족하거나 균형이 맞지 않은 것이 원인이 되어 발병한다. 일광욕 부족이나 기생충 때문이라고도 하는데, 대부분은 영양균형이 좋지 않은 데 원인이 있다. 구루병은 뼈의 성장에 장애가 발생하는 것으로, 뼈가 휘게 된다. 골연화증은 성견의 뼈의 칼슘이 소실되어 탈회현상이 일어나는 것이다.

치료

운동을 제한하고 식단을 개선한다. 적량의 비타민 D제, 칼슘제를 투여하는 것이 관건인데, 과다급여가 원인이 되기도 하므로 주의해야 한다. 또 영양흡수에 방해가 되는 원인이 있다면 그 부분도 치료가 필요하다.

고관절 형성부전

긴 빈 노 자 대 소 ♂ ♀

허리와 대퇴골을 연결하는 고관절이 변형되기 때문에 걷는 모습이 이상해지고 점점 관절의 움직임이 제한된다. 셰퍼드나 세인트 버나드, 골든 리트리버 등 대형견에게서 많이 발병한다. 성장기에 체중이 급격하게 증가하기 때문으로 보인다.

증상

생후 6개월 무렵부터 좌우 양쪽 다리를 모아서 달린다, 허리가 후들거린다, 앉는 자세를 취하지 못한다 등의 증상이 나타난다. 증상이 점점 악화되어 다리를 질질 끌거나 뒷다리가 서지 못하게 되고 계단을 오르내리지 못한다, 운동을 싫어한다 등의 다양한 장애가 나타난다.

원인

유전적 요소가 크다는 특징이 있다. 고관절의 뼈가 충분히 발달하지 못하고 관절의 모양이 나쁘며 부드럽게 움직이지 않음으로 인해 일어난다. 성장기에 살이 너무 찌거나 근력이 부족한 경우에 증상이 악화된다.

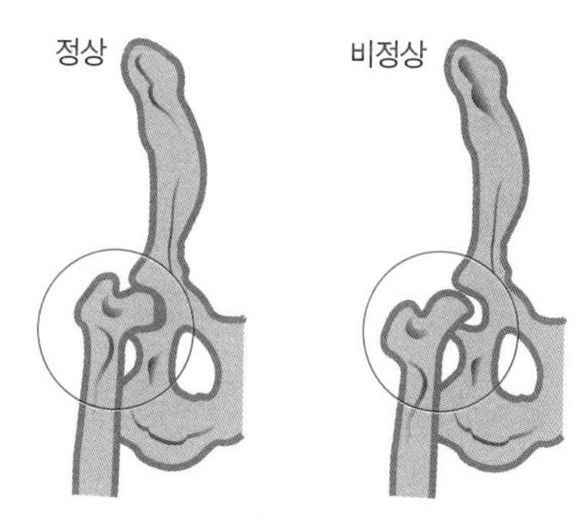

고관절 형성부전

치료와 간호

운동을 제한하고 체중을 관리하면서 항염증약이나 진통제 등을 투여하여 염증을 완화시킨다. 뼈를 절제하고 관절 형성 수술을 하는 경우도 있다. 비만을 조심하고 심한 운동은 피하도록 한다.

레그 페르테스병

대퇴골의 끝부분으로 가는 혈액의 공급이 부족하거나 멈춰서 골두부가 변형되거나 괴사되는 질환이다. 생후 1년 이하의 소형견에게 발병하고 갑자기 통증이 엄습해 다리를 절거나 다리를 들고 걷게 된다.

증상

발병한 다리와 둔부의 근육이 위축되어 방치하면 다리를 질질 끌게 되고, 다리를 들고 걷는 등의 파행이 계속 남는다. 대부분 한쪽 다리에만 나타나는데, 드물지만 좌우 양쪽 다리에 발병하는 경우도 있다.

원인

유전적 요소가 큰 질환으로, 대퇴골 선단으로 가는 혈류장애가 원인이며, 혈류장애가 발생하는 이유에 대해서는 알려지지 않았다.

치료

증상이 가벼우면 장기간 운동을 철저하게 제한하고 통증을 완화시키는 약 처방으로 개선되는 경우도 있지만 진행성 질환이기 때문에 대부분은 대퇴골 선단을 절개하거나 인공 골두를 달아주는 수술을 한다.

전십자인대 파열

대퇴골과 정강이뼈를 연결하는 전십자인대가 부자연스러운 운동이나 나이, 비만 등에 의해 뒤틀리거나 늘어나거나 끊어진 상태이다. 원래 대형견에게 흔히 발생하는 질병이지만, 최근에는 비만인 소형견에게도 증가하고 있다.

증상

체중을 받치지 못하기 때문에 뒷다리를 든 채 걷거나 질질 끌거나 하는 파행이 보인다. 체중이 가벼운 경우에는 며칠이면 평소 상태로 되돌아오기도 하지만 통증이 나타나기도 하고 가라앉기도 하는 등 파행이 반복된다. 방치하면 관절염이 되기도 한다.

원인

사고 등 외부에서 가해진 힘이나 노화에 따라 인대가 쇠약해지거나 비만에 의해 무릎 관절에 부담이 가해지는 것이 원인이다. 소형견에게 많이 나타나는 슬개골 탈구가 진행되어 발생하기도 한다.

치료와 간호

소형견의 경우에는 진통제 등을 투여하여 안정을 취함으로써 증상을 억제할 수도 있지만, 통증이 계속되는 경우나 대형견이라면 정형수술을 해야 한다. 수술은 인대를 수복하는 등 다양한 방법이 있다. 재발방지를 위해서는 살이 찌지 않는 것이 중요하다. 체중관리, 운동관리를 확실하게 해야 한다.

관절염

뼈와 뼈 사이에서 쿠션 역할을 하는 관절연골에 염증이 일어난 상태이다. 체중의 과부하나 운동부족, 나이 등의 이유로 발생한다. 개의 평균수명이 늘어나고 비만인 개가 증가하면서 최근 많이 보이는 질환이다.

증상

경쾌하게 움직일 수 없게 되고 운동을 싫어하며 기운을 잃는다. 진행되면 통증이 심해지고 환부가 크게 붓거나 움직일 때마다 삐걱거리는 듯한 소리가 나기도 한다. 고관절이나 슬관절에 많이 발병하는 경향이 있다.

원인

관절에 있는 연골 조직이 손상되어 염증을 일으킨다. 나이를 먹거나 비만 외에 세균감염, 류머티스나 고관절 형성부전 등도 원인이 된다.

치료와 간호

완전히 치료하기가 어려운 질환이다. 그 때문에 통증을 완화시키고 질병의 진행을 억제하는 것이 치료의 중심이 된다. 진통제나 항염증제, 관절 환부에 효과가 있는 보조제 등을 장기적으로 투여한다. 운동을 제한해야 하며 감량을 하여 비만을 해소할 필요가 있다.

류머티스성 관절염

긴 빈 노 자 대 소 ♂ ♀

주로 사지의 말단(발가락) 관절의 연골이 파열되고 주변의 뼈나 인대까지 서서히 파괴되는 질병이다. 원인은 불명이고 심해지면 관절이 붓고 변형된다.

증상

사지의 말단에 잘 발병하고 관절이 굳어서 다리를 끌게 된다. 끌고 다니는 다리가 매일 다르기 때문에 어디가 아픈지 모를 때도 있다. 발열이나 식욕부진 등의 증상도 나타난다. 증상이 심해지면 관절이나 주변의 붓기가 눈에 띄게 심해지고 변형이 일어나며 만지는 것을 싫어하게 된다. 방치하면 주변 조직까지 파괴된다.

원인

면역반응이상으로 짐작되지만 확실한 원인은 알려지지 않았다.

치료와 간호

통증을 완화시키기 위해서 진통제나 항류머티스 약 등을 투여한다. 몸을 따뜻하게 해주는 입욕이나 초음파를 사용한 온열요법을 실시하기도 한다. 과다한 체중을 감량하고 적당한 운동으로 근육을 유지시키도록 한다.

뼈의 종양

양성 뼈 종양에는 골종, 악성 뼈 종양에는 연골육종이나 골육종 등이 있다. 특히 골육종이 많이 발병하는데, 나이 먹은 대형견에게서 발생하는 경향이 크다.

증상

골종에서는 뼈가 뭉친 듯한 응어리가 커지고 다리를 질질 끌거나 들고 걷는 등의 보행장애가 나타난다. 증상이 진행되면 골절을 입기도 한다. 연골육종은 연골 부분에 발생하는 암으로, 관절 주위가 부어서 보행장애를 일으킨다. 골육종은 전이성이 커서 폐에 전이되는 경우가 많으며 대형견의 앞다리에 잘 발병하는 것 같다.

원인

다른 종양과 마찬가지로 확실한 원인은 밝혀지지 않았다. 유전에 후천적인 요인이 겹쳐져 발병한다.

치료와 간호

생명을 구하기 위해서는 안타깝지만 다리를 절단해야 하는 경우가 대부분이다. 치료에는 항암제 등도 사용하며 폐에 전이되는 경우가 많기 때문에 완치될 가능성이 낮은 질병이다.

바이러스나 세균 등의 미생물이 몸에 침입해서 발병하는 감염증은 소형견이나 고령견이 걸리는 경우에 종종 생명을 잃기도 한다. 예방의학의 발달 덕분에 대부분의 발병은 백신으로 예방할 수 있다.

광견병

광견병은 인간을 비롯한 모든 포유류에게 감염되고 사망률이 100% 가까운 무시무시한 질병이다. 일본에서는 1957년 이후 발생하지 않고 있지만 우리나라나 중국에서는 아직도 나타나고 있고 세계적으로도 여러 건의 발생이 보고되며 많은 희생자가 나오고 있다(우리나라는 2013년 6건의 발생 이후 보고된 건은 없다). 엄중한 검역 체제를 취하고 있지만 최근에는 해외에서 들여오는 동물이 증가하고 있기 때문에 방심은 금물이다.

증상

잠복해 있다가 발병하기까지는 약 1주일에서 1년 정도로 기간이 다양하다. 이 질병에 감염되면 중추신경에 이상이 생겨 이상하게 짖거나 침을 흘리면서 배회하는 등의 수상쩍은 행동을 하며 흉포해지고, 점점 근육이 마비되면서 움직이지 못하게 되다가 사망에 이르게 된다. 또 감염되자마자 마비상태가 되어 며칠 만에 사망하는 마비형도 있다.

원인

광견병에 걸린 개에게 물리면 타액 속에 섞여 있는 광견병 바이러스가 체내에 침입한다. 바이러스는 신경에서부터 척추나 뇌에 도달해서 신경증상을 일으킨다. 광견병 바이러스는 개나 인간뿐만 아니라 모든 포유동물에게 감염된다.

치료와 예방

현재 광견병의 치료법은 없다. 광견병 예방법에 따라 연 1회의 백신접종이 의무화되어 있지만 의무 때문이 아니라 나와 가족, 이웃 그리고 반려견의 건강을 위해서라도 반드시 백신을 접종시키자.

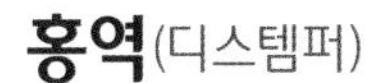

홍역(디스템퍼)

최근에는 백신의 보급으로 유행의 불씨는 꺼졌지만 일단 감염되면 사망률이 높은 치명적인 질병이다. 바이러스가 뇌까지 침투해서 경련이나 혼수상태 등의 신경증상을 일으키기도 한다. 자견이 걸리는 질병이라고 생각하는 경향이 있는데 면역이 없는 성견이나 노견도 간혹 감염된다.

증상

감염된 지 4~7일 후에 발병해서 식욕이나 기운이 없어진다. 그 후 설사 등을 하기도 하는데, 일단 열이 내려가고 언뜻 치유된 것처럼 보이기 때문에 초기증상을 놓치기 쉽다. 하지만 다시 열이 나기 시작하고 기침이나 끈적거리는 눈곱에 콧물, 설사, 구토 등의 증상이 나타난다. 경우에 따라서는 바이러스가 뇌까지 퍼져 안면이나 신체 일부를 움찔거리며 경련하는 틱 증상이나 전신의 근육이 수축하고 다리를 뻗거나 의식을 잃는 간질발작 같은 신경증상이 나타나기도 한다. 하드패트라 불리는 다리 안쪽의 육구가 각질화되어 돌처럼 딱딱해지는 특징적인 증상이 나타나기도 하고, 회복 후에도 후유증이 남거나 간혹 사망에 이르기도 한다.

원인

개 홍역바이러스에 감염되어 발병한다. 병에 걸린 개와 접촉했거나 재채기 등으로 침이나 콧물을 들이켰거나 소변이나 변을 핥다가 옮기도 한다. 바이러스가 묻은 음식물을 통해 감염되기도 한다.

치료와 예방

전염성 질병이기 때문에 격리시켜야 한다. 홍역에 효과적인 치료약이 없기 때문에 증상에 따라 약을 투여한다. 체력소모를 억제하고 소화가 잘 되는 영양가 높은 음식을 급여한다. 개를 안정시키고 보온에 신경 쓰며 체력이 소모되지 않도록 주의한다. 사망률이 높은 질병이지만 백신으로 충분히 예방 가능하므로 꼭 접종시키도록 한다.

파보바이러스 감염증

발병하면 심한 설사나 구토를 하고 1~2일 사이에 사망하는 경우가 많은 치명적인 감염증이다. 이 바이러스는 병에 걸린 개의 토사물이나 배설물 등에 잠복해 6개월 이상 장기간 생존하며 소량으로도 감염된다. 이 질병과 홍역, 전염성 간염은 반드시 예방해야 하는 바이러스성 질병이다.

증상

2~5일 정도 잠복했다가 심하게 구토, 설사를 한다. 증상이 심해지면 토마토케첩 같은 출혈을 동반한 점액 상태의 변을 본다. 구토와 설사 때문에 탈수증상을 일으키고 쇠약해지며 자견들은 쇼크사하기도 한다. 백혈구가 감소하는 것이 특징이고 소화기 증상을 일으키는 타입 외에 심근염형이라는 증상도 있다. 생후 몇 개월의 유견에게 발병하며 급성 심부전으로 돌연사하는 경우가 있다.

원인

원인인 바이러스는 개파보바이러스이다. 감염된 개의 변이나 구토물, 오염된 식기나 의류 등에 개가 입이나 코를 대면서 감염된다. 감염된 개를 만진 사람의 손을 통해 옮는 경우도 있다. 체내에 들어간 바이러스는 장관세포나 골수세포에서 증식한다.

치료와 예방

현재 완전한 치료법은 없으며 탈수 증상 치료를 중심으로 충분한 수액과 영양분을 보충한다. 다른 개와 격리하고 2차 감염을 방지하기 위해서 항생물질을 투여한다. 백신접종으로 예방한다.

전염성 간염

간염을 일으키는 것이 특징인데, 감염되었어도 이렇다 할 증상을 보이지 않는 가벼운 증상도 있는가 하면 1~3일 내에 사망이 이르는 중증인 경우도 있는 등 폭넓은 증상이 나타난다. 1세 미만의 유견이 걸리면 높은 발병률과 사망률을 보인다.

증상

중증형에서는 일주일 정도의 잠복기 후에 고열이 며칠간 계속되다가 식욕부진에 빠진다. 구토, 설사, 복통이 일어나고 편도가 붓거나 입안의 점막이 충혈되고 점상으로 출혈하기도 한다. 자견 등은 급성 간염이 병발하여 사망하는 예도 있다. 하지만 증상이 나타나지 않거나 발열과 콧물 정도로 끝나는 경증형인 경우도 있다. 증상이 회복되면서 눈의 각막이 뿌옇게 되면서 푸른빛을 띠는 경우가 있는데 이것을 블루아이라고 한다.

원인

개 아데노바이러스 1형에 걸린 개의 소변, 대변, 타액, 오염된 식기나 의복 등에서 개의 입으로 들어가 감염되어 발병한다. 바이러스는 편도에서 림프 조직으로 침투하고 그 후 혈액으로 들어가 온몸으로 퍼진다.

치료와 예방

바이러스에 대한 효과적인 약이 없기 때문에 간장의 기능을 회복시키는 치료를 한다. 수액, 수혈, 비타민제나 항생물질 등을 투여하고 식사요법을 실시한다. 가정에서는 안정을 유지하고 식사는 지방분이 적은 양질의 단백질로 하고, 구토기가 있다면 억지로 밥을 먹이지 않는다. 이 질병은 백신접종으로 예방할 수 있다.

켄넬코프

개의 전염성 기관지염으로 소위 '개가 걸리는 감기'이며 기침이 특징이다. 켄넬코프란 '견사에서 유행하는 기침'이라는 뜻으로 개가 많이 모인 곳에서 발생한다.

증상

마르고 심한 기침이 나온다. 기운이 없어지지도 않고 식욕도 정상일 때와 크게 다르지 않지만 증상이 진행되면 콧물이 나오거나 가래가 껴서 토하거나 미열이 나기도 한다. 통상 며칠 내로 가라앉지만 저항력이 약한 새끼나 노견은 악화되면 식욕이 없어지고 폐렴이 되거나 쇠약사하는 경우도 있으므로 가볍게 생각해서는 안 된다.

원인

파라인플루엔자바이러스, 아데노바이러스 2형 등의 바이러스나 세균에 감염되어 발병한다. 병든 개와의 접촉이나 재채기나 기침을 통해서 감염된다.

치료와 간호

바이러스에 효과적인 약이 없기 때문에 기침을 가라앉히기 위한 치료를 중심으로 항생물질 등을 투여한다. 가정에서는 보온이나 환기에 주의를 기울이고, 폐렴으로 전이되지 않도록 주의하고 컨디션이 좋지 않을 때에는 개가 모여 있는 곳에 데려가지 않도록 한다.

코로나바이러스 감염증

긴 빈 노 자 대 소 ♂ ♀

알코올이나 비누로도 죽는 약한 바이러스지만 전염성이 매우 강하며 특히 새끼가 감염되면 설사나 구토 등이 심한 증상을 보인다. 설사는 길게 가면 3주씩 계속되기도 하고 탈수증상을 일으키기 쉽다.

증상

성견의 경우 무증상일 수도 있지만 저항력이 약한 자견 등이 걸리면 위장병이 되어 갑자기 구토나 심한 설사를 한다. 설사가 장기간 계속되고 탈수증상을 일으켜 사망에 이르기도 한다.

원인

병견의 구토물이나 변, 오염된 식기 등에서 개의 입을 통해 감염된다. 전염력이 강하기 때문에 집단 사육하는 견사에서는 단시간에 많은 개가 감염된다.

치료와 간호

대부분의 경우는 자연적으로 치유되지만, 심한 경우에는 설사나 구토, 탈수증상 등을 완화시키는 치료와 함께 2차 감염을 방지하기 위해서 항생물질을 투여한다. 가정에서는 안정과 보온에 힘쓰고 소화가 잘 되는 저지방 식단을 급여한다. 예방에는 백신접종이 가장 효과적이다.

개 헤르페스바이러스 감염증

긴 빈 노 자 대 소 ♂ ♀

생후 1주일부터 10일 사이에 발병하고, 새끼의 돌연사에 관련된 바이러스 질환이다. 자견은 모유를 먹지 못하게 되고 구토나 호흡곤란 등을 일으키며 대부분의 경우 발병한 지 1주일 이내에 사망한다.

증상

무증상으로 헤르페스바이러스를 보유하고 있는 어미에게서 감염된 채 태어나, 발병하면 신장이나 폐, 간장 등의 주요 장기가 괴사되면서 사망한다. 젖은 전혀 먹지 못하고 구토나 설사를 하거나 신경증상 등도 일으킨다. 이 질병은 사망률이 높은 것이 특징으로 최근에는 자견의 쇠약증후군의 주요인으로 여기고 있다. 성견에게서 증상이 나타나는 일은 거의 없지만 바이러스를 계속 보유하고 있기 때문에 다른 개에 대한 감염원이 된다.

원인

개 헤르페스바이러스는 어미의 태반에서 감염되거나 출산 시 산도에서 감염되는 것으로 추정되고 있다.

치료

출생 직후 단시간에 사망하는 일이 많기 때문에 치료하기 힘든 질병이다. 한 마리가 발병한 경우에는 동복으로 태어난 다른 개도 감염된 것으로 간주하고 치료해야 한다. 백신은 아직 개발되지 않았다.

렙토스피라 감염증

개뿐만 아니라 대부분의 동물이 감염되는 질병으로, 동물에게서 사람에게 감염되기도 한다. 대부분은 증상이 나타나지 않지만 급성 증상이 나타난 경우에는 사망률이 높은 질병이다.

증상

증상으로 불현성형, 출혈형, 황달형 등의 세 타입으로 나눌 수 있다. 대부분의 경우는 불현성형으로, 증상이 나타나지 않고 어느새 치유되어 있다. 하지만 회복한 개는 일정 기간 다른 개나 사람에 대한 감염원이 된다. 출혈형은 1~2일 발열한 후 입이나 눈의 점막이 충혈되고 구토하거나 설사를 하다 탈수증상을 일으킨다. 신장장애를 일으키기도 하며 사망률이 높은 타입이다. 황달형은 간장장애를 일으키고 점막이나 피부가 노랗게 되는 황달이 일어나고 혈뇨도 보인다. 갑자기 고열이 나고 구토하며 쇠약해지는 등으로 높은 사망률을 나타낸다.

원인

렙토스피라라는 세균에 감염된 개의 소변을 통해 오염된 땅이나 물, 음식을 입에 대면 감염되는 경우가 많으며 상처를 통해 세균이 침입하는 경우도 있다. 이 세균은 다른 동물에게도 감염되기 때문에 쥐 등을 통해 퍼지는 경우가 많다.

치료와 예방

항생물질을 투여하는 외에 신장이나 간장장애를 치료한다. 습도가 높은 환경에서 쉽게 발생하므로 청결이나 위생에 신경 쓰도록 한다. 사람에게 감염될 우려가 있으므로 간호 후에는 소독을 충분히 하도록 한다. 이 질병은 백신으로 예방할 수 있다.

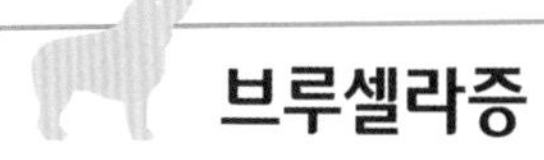

브루셀라증

긴 빈 노 자 대 소 ♂ ♀

개의 유산은 흔히 있는 일은 아니지만 암컷이 브루셀라증에 걸리면 임신 후기에 사산, 유산을 하고 불임의 원인이 되기도 한다. 사람에게도 감염되므로 주의가 필요하다.

증상

감염되어도 생식기 이외에는 거의 증상이 나타나지 않는다. 수컷의 경우에는 정소(고환)가 붓거나 위축되고 정상적인 정자를 생산하지 못하여 불임의 원인이 된다. 암컷이 감염된 경우에는 사산, 유산에 이른다. 또한 며칠에서 몇 주에 걸쳐 녹색을 띤 분비물이 계속 나온다.

원인

호흡기, 소화기, 생식기 등의 점막에 브루셀라속의 세균이 감염된다. 주로 교배에 의해 발생하는데 개가 많이 모여 있는 곳에서도 감염되기 쉬운 질병이다.

치료

효과적인 치료법은 없고 항생물질을 장기간 투여한다. 완전히 치유되지 않는 한 유산을 반복한다. 사람에게 감염되므로 유산한 경우에는 혈액이나 태아, 분비물을 만지지 않도록 주의한다.

파상풍

흙속에 있는 파상풍균이 상처를 통해 침입해 운동신경과 중추신경에 데미지를 입힌다. 온몸에 경련을 일으키고 대부분은 발병 후 5일 이내 사망하는 위험한 감염증이다.

증상

잠복 기간은 4일~2주 정도이고, 얼굴 측면의 교근(저작근의 하나)이 당기는 듯한 경련을 일으킨다. 그래서 입도 벌릴 수 없고 음식도 씹지 못하게 된다. 계속해서 온몸이 경직되고 경련을 일으킨다. 빛이나 소리, 진동 등의 자극에 예민해지고 강한 반응을 나타내는 것도 특징이다. 곧 호흡곤란을 일으키고 대부분은 사망한다.

원인

파상풍균은 널리 분포하며 흙 속에 오랫동안 살아 있다. 개가 흙에서 놀 때 입으로 들어가면 증식해서 독소를 발생시키고 신경을 침범하면서 발병한다.

치료

독소를 중화시키기 위한 주사나 항생물질을 투여한다. 경련이나 호흡곤란 등을 완화시키기 위한 치료도 실시한다.

기생충

내장이나 혈관 안에 기생충이 정착해서 발생한다. 기생충에게 영양을 빼앗긴 개는 영양상태가 나빠지고 기운이 없어지고 설사나 구토를 일으키게 된다.

회충증

개에게 가장 많이 존재하는 내장 기생충으로, 개회충과 개소회충 두 종류가 있다. 특히 자견에게 많으며 대체로 어미의 뱃속에서 태내 감염되는데, 이 경우 신생아에게 이미 기생하고 있다. 주로 구토나 설사를 일으키고 중증이 되면 사망하기도 하는 질병이다.

증상

기생충의 수가 적을 때에는 거의 증상이 나타나지 않지만, 새끼의 경우 기생충이 많을 때는 배가 붓고 빈혈이나 구토, 설사를 일으킨다. 회충 덩어리가 뭉쳐 장폐색을 일으키거나 경련이나 마비 등의 신경증상이 보이기도 한다. 성견에게 기생한 경우에도 식욕이 사라지고 구토, 설사 등의 증상이 보인다. 털의 윤기가 나빠지고 몸이 마른다.

원인

감염된 개가 배설한 변 속의 기생충 알을 핥거나 먹으면 감염된다. 또 암컷이 감염된 경우 기생충은 임신 중인 상태에서 태반을 통해 태아에 감염된다. 태어난 후에도 모유를 통해 감염되기도 한다. 체내에 들어간 알은 소장에서 자충이 된다. 개회충은 혈류 등을 타고 체내로 이행하여 최종적으로는 장에 기생한다. 또 여러 장기에 자충 상태로 머무르는 타입도 있다. 어미를 통해 새끼에게 감염되는 것은 개회충 쪽이다. 개소회충은 체내를 이행하지 않고 장 속에서 성장한다.

치료와 예방

구충약을 투여하고 항생제 등으로 체력회복을 도모한다. 배변 후에는 변을 즉시 처리하는 등 위생에 신경 쓰는 것이 예방이 된다. 드물지만 사람이 감염되는 경우도 있으므로 특히 아이가 있는 집에서는 주의가 필요하다.

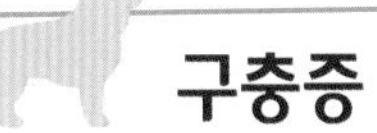

구충증

자견 등에서는 사망할 수도 있는 매우 심한 증상을 일으키는 기생충이다. 열쇠처럼 생긴 이빨로 소장의 점막을 깨물고 피를 빨아먹기 때문에 다수가 기생하면 심한 빈혈이나 영양불량을 일으킨다. 십이지장충증이라고도 한다.

증상

통상 1세 이하의 자견에게 발병한다. 설사를 하고 타르 모양의 변이나 혈변을 보기도 한다. 빈혈을 일으키고 심해지면 눈의 결막이나 입의 점막이 하얘지며 통증이 있기 때문에 배를 감싸는 듯한 자세를 취한다. 모유로 감염된 갓 태어난 새끼는 젖을 먹지 못하게 되어 급격히 쇠약해지고 빈혈로 쇼크사를 일으키기도 한다. 증상이 가벼운 경우 설사를 하는 일이 만성적으로 일어나며 건강하지 못한 상태가 된다.

원인

변과 함께 배설된 알이 부화하여 자충 상태로 음식물이나 식기에 붙어서 코와 입으로 감염된다. 구충의 자충은 흙 속에서 생식하기 때문에 개의 피부나 모공으로 감염되기도 한다. 또 암컷이 감염되면 태반이나 모유를 통해 새끼에게 감염된다. 자충은 최종적으로 장에 도달해 성충이 된다.

치료와 예방

증상이 가벼우면 약이나 주사로 구충을 하지만, 쇼크 상태를 일으키는 경우에는 수혈 등의 구급처치가 필요하다. 평소의 위생관리가 중요한 만큼 변은 빨리 처리하고 청결을 유지한다.

편충증

긴 빈 노 자 대 소 ♂ ♀

길이 5~7㎝ 정도인 채찍 모양의 편충이 주로 맹장 부근에 기생하며 설사나 영양실조, 빈혈을 일으키는 질병이다. 다수가 기생하면 심한 증상을 보인다.

증상

소수가 기생하는 것만으로는 증상이 나타나지 않지만 다수가 기생하면 배에 통증이 나타나고 항상 설사를 하게 되며 선명한 혈변을 볼 수도 있다. 식욕이 없어져 영양불량이 되고 털의 윤기도 나빠지며 점점 마른다. 빈혈이나 탈수증상을 일으키기도 한다.

원인

변과 함께 배설된 알이 음식물이나 식기에 붙어서 입으로 들어가 감염된다. 회충이나 구충과 달리 경구감염만 된다. 체내에 들어간 알은 주로 소장 안에서 부화하여 맹장 또는 결장에 기생한다.

치료와 예방

약이나 주사로 구충한다. 빈혈이나 탈수 증상이 있다면 수혈 등을 맞힌다. 다른 기생충 예방과 마찬가지로 변을 빨리 처리하여 위생을 유지함으로써 예방이 가능하다. 편충의 알은 저항성이 있고, 흙 속에서 5년 이상 생존하므로 실외 생활을 하는 개가 편충기생의 병력이 있다면 개집을 이동시키거나 흙을 바꿔줄 필요가 있다.

조충증

긴 빈 노 자 대 소 ♂ ♀

성충이 오이씨가 연결된 듯한 형태를 하고 있다고 해서 오이조충이라고도 불리는 기생충으로, 길이가 50㎝ 이상이나 된다. 벼룩이 매개가 되어 감염된다. 항문이 자극을 받기 때문에 개는 엉덩이를 땅에 문지르는 행동을 하게 된다.

증상

약 1㎝ 정도의 기생충의 체절이 찢어져 배설되는데 항문 주변에 붙은 채 말라서 부서진다. 이로 인해 항문이 자극을 받기 때문에 엉덩이를 땅에 문지르거나 핥게 된다. 대부분의 경우 증상이 나타나는 일은 별로 없지만, 다수 기생하면 설사나 식욕부진을 보이고 영양불량이 된다.

원인

항문 주변에 달라붙은 체절은 말라서 부서지면 안의 알이 흩어진다. 벼룩이 알을 먹으면 벼룩의 몸속에서 기생충이 발육한다. 개가 적극적으로 벼룩을 먹지는 않지만 우발적으로 삼켰을 때 감염된다.

치료와 예방

약이나 주사로 구충하고 영양불량이 됐을 때에는 영양제 등을 투여한다. 중간 숙주가 되는 벼룩을 구제하는 것이 가장 효과적인 예방법이므로 벼룩 구제약이나 샴푸를 이용해 벼룩을 퇴치한다. 개와 개집도 모두 청결하도록 신경 써야 한다.

콕시듐

매우 작은 콕시듐이라는 원충이 장내에 증식하여 장 점막을 손상시킨다. 유견이 걸리면 수용성 설사를 비롯한 심각한 증상을 보인다.

증상

특히 유견이 걸리기 쉬운데 설사를 반복하고 점액상의 변이나 혈변을 본다. 설사를 하기 때문에 탈수증상이나 빈혈을 일으키며 쇠약하다. 성견이 발병하는 경우는 거의 없다.

원인

현미경으로밖에 보이지 않는 작은 콕시듐 원충이 경구 감염되어 장세포로 파고들어가 증식하여 점막을 손상시키면서 발생한다.

치료와 예방

일반적으로 술파제라는 약을 투여하여 치료한다. 탈수나 빈혈이 심한 유견에게는 수액이나 수혈 등이 필요할 수도 있다. 변과 함께 배설된 직후의 미숙한 원충은 감염력이 없기 때문에 변을 빨리 처리하면 재감염을 방지할 수 있다.

편모충증

긴 빈 노 자 대 소 ♂ ♀

현미경이 아니면 발견할 수 없는 원충이 장에 기생함으로써 발생한다. 보통은 무증상이지만, 다른 기생충이 있거나 스트레스 등을 받으면 발병한다. 유견이 걸리면 설사를 계속하기 때문에 체중이 줄고 발육불량이 된다.

증상

물기 있는 설사나 지방분이 많은 노란색 설사를 한다. 펫샵 등 다수 사육되는 장소에서 집단 발생하는 일이 많다.

원인

오염된 변이나 음식물, 물 등을 통해 원충이 입으로 들어와 소장에 기생하여 설사가 일어난다.

치료와 예방

구충약을 투여한다. 재감염을 방지하기 위해 변은 바로바로 치우고 소독하듯이 처리한다.

중독

개는 본능적으로 수상하게 느낀 것을 입에 넣지 않으려는 습성이 있지만, 실수로 삼켰다가 중독증상을 일으키는 일도 얼마든지 있다. 간혹 사람에게는 유독하지 않지만 개에게만 유독한 것이 있으므로 주의가 필요하다. 위험한 것을 삼켰다면 일단 수의사에게 연락해 지시를 받고 서둘러 병원에 데려가도록 한다.

파 종류	양파나 대파에 함유된 알릴프로필디설파이드allylpropyldisulfide 성분이 적혈구를 파괴하기 때문에 용혈성 빈혈을 일으키거나 혈뇨를 보고 간혹 사망에 이르기도 한다. 직접 먹이는 것은 물론 국이나 전골국물에 들어 있는 것도 안 된다.
초콜릿	초콜릿에 함유된 테오브로민 성분은 대량으로 섭취하면 중추신경을 자극하고 급성 심부전증을 일으키는 경우가 있다. 그 밖에 자일리톨이나 건포도 등도 중독을 일으키는 것으로 알려져 있다.
마카다미아·땅콩류	중독을 일으키는 원인은 밝혀지지 않았지만 많이 섭취하면 구토, 운동실조, 뒷다리 마비 등을 일으킨다. 이 증상들은 반나절에서 하루 사이에 회복된다.
살충제	유기인계나 염소계 살충제를 핥거나 설부를 통해 다량 흡수하면 중독을 일으킨다. 구토나 설사, 심한 경우 혈변, 토혈, 경련이나 혼수상태에 빠지기도 한다. 현재 개나 고양이용 진드기나 벼룩용 적하형 살충제에는 이들 성분이 거의 들어 있지 않다.
살서제	쥐잡이용 살서제에 함유된 와파린 등의 성분이 중독을 일으킨다. 다량으로 섭취한 경우에는 점막에서 출혈, 혈변이나 혈뇨, 호흡곤란이나 심한 빈혈을 일으키고 사망할 수도 있다.
제초제	제초제가 뿌려진 곳을 걸었던 개가 다리 안쪽이나 몸에 묻은 것을 핥으면 중독이 발생한다. 또 직접 먹어서 일어나기도 한다. 제초제에는 다양한 종류가 있고, 심한 경우에는 사망하기도 한다.
납	납이 함유된 제품에는 페인트나 배터리, 납땜, 배관재, 낚시 추, 골프공, 장난감 등이 있다. 구토나 설사, 때로는 경련을 일으키기도 한다. 장기간 계속 섭취하면 뼈나 신경에 이상이 발생한다.
식물	식물 중에는 개가 삼켰을 때 중독을 일으키는 것이 적지 않다. 입에 넣으면 빼앗는 훈련이 중요하다. 마취목, 아마릴리스, 은방울꽃, 협죽도, 철쭉, 디지털리스, 주목류, 소철, 독버섯류 등 종류에 따라 증상도 다양하다.
두꺼비, 뱀	두꺼비나 영원(도롱뇽목 영원과 동물) 등을 삼켰을 경우 분비되는 독물로 인해 중독이 일어난다. 두꺼비의 이선에서 나오는 독물 때문에 최악의 경우에는 사망할 수도 있다. 뱀에게 물렸을 때에도 치료가 늦으면 사망에 이른다.

피부 질환

피부병은 약만 바른다고 낫지 않는다. 개의 피부는 사람보다 얇아서 상처 입기도 쉽고 털로 덮여 있어서 털갈이 시기 등도 있기 때문에 오염물이 묻기 쉽고 피부병에 걸리기도 쉽다.

아토피성 피부염

최근 증가하고 있는 질병으로 꽃가루나 먼지, 진드기 등 알레르기의 원인이 되는 물질(알레르겐)에 민감하게 반응해서 일어난다. 70% 이상이 생후 6개월부터 3세 사이에 최초로 발병하고 유전적으로 걸리기 쉬운 견종도 있다. 심한 가려움 때문에 몸을 자주 긁게 된다.

증상

얼굴이나 다리 안쪽의 피부가 겹치는 부위, 배 등에 심하게 가려움증이 있고 자주 핥거나 물기 때문에 피부가 상처 입어 문드러지며 만성화되면 두꺼워져서 건조해지고 거뭇해진다. 외이염이나 결막염, 비염을 동반하는 경우도 많으며, 일단 치료해도 자주 재발하는 질병이다. 골든 리트리버나 시바견 등의 견종은 선천적으로 이 질병에 걸리기 쉽다.

원인

꽃가루나 먼지, 벼룩 외에 담배, 고양이 비듬 등 공중에 떠다니는 알레르겐을 흡입하면서 발생한다. 피부에 부착되면서 발생하는 경우도 있다. 알레르기는 해가 있는 것이 몸에 침입했을 때 그것을 제거하기 위해서 공격하는 면역기능이 평소에는 해가 없는 것에 대해서 과도하게 작용함으로써 일어난다.

치료와 예방

치료는 가려움을 멎게 하는 약 투여를 중심으로 한다. 부신피질 호르몬 약은 효과적이지만 부작용이 크기 때문에 반드시 수의사의 지시에 따라 사용한다. 가정에서는 원인이 되는 진드기나 먼지를 줄이도록 부지런히 청소할 필요가 있다. 달라붙어 있는 알레르겐을 샴푸로 떨어뜨리는 것도 가정에서 할 수 있는 효과적인 치료법이다. 그 경우에는 피부가 너무 건조해지지 않도록 보습효과가 있는 것을 선택해야 한다. 샴푸에는 다양한 종류가 있으므로 수의사에게 상담한다.

벼룩알레르기성 피부염

긴 빈 노 자 대 소 ♂ ♀

벼룩이 피를 빨 때 내뱉는 타액에 알레르기 반응을 일으키는 질병으로, 심한 가려움이 발생한다. 벼룩은 기생충을 옮길 수도 있기 때문에 꼭 구제해야 한다.

증상

심한 가려움이, 특히 등줄기를 따라 허리나 꼬리가 난 부분 등 하반신을 중심으로 발견된다. 알레르기이기 때문에 가려움은 벼룩에 물린 곳과는 관계없이 나타난다. 피부는 염증을 일으켜 빨개지고, 털이 빠지기도 한다. 개가 핥거나 긁어서 염증이 악화되고 벼룩을 구제해도 한 달 정도는 증상이 계속된다.

원인

벼룩에게 물리거나 피부 표면을 돌아다니는 자극에 의해 일어나는 피부염도 있지만, 이 알레르기는 벼룩의 타액에 대해 몸이 예민하게 반응해서 일어나므로 벼룩의 수와는 상관없이 발병한다.

치료와 간호

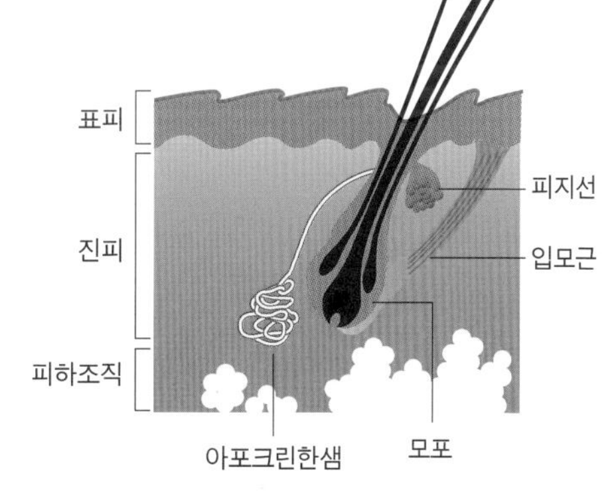

피부의 구조

알레르기에 대해서는 부신피질 호르몬 등을 투여한다. 벼룩의 구제는 다양한 종류가 있으므로 개의 상태와 사육환경을 고려하여 적절한 것을 선택한다. 반복적으로 발병하는 경우도 많으므로 병원에서 지속성이 있는 적하형 벼룩살충제를 처방받거나 가정에서는 청소를 자주 하는 등 벼룩 발생을 방지하는 것도 중요하다.

음식물 알레르기

긴 빈 노 자 대 소 ♂ ♀

다양한 음식물로 인해 알레르기가 발생한다. 지금까지는 아무렇지 않게 먹었던 것들이 어느 날 갑자기 원인이 되는 경우도 있는데, 그 후에는 같은 것을 먹으면 발병하게 된다.

증상

먹은 지 얼마 지나지 않아 증상이 나타난다. 심해지면 온몸에 피부염이 번지,는 경우도 있지만 일반적으로는 눈이나 입 주변을 가려워하는 경우가 많고, 열이 나거나 설사나 구토를 동반하는 경우도 있다.

원인

우유나 육류, 곡물, 과일 등의 예가 많이 보이듯 특정 음식물이 원인이 될 수 있다. 2세 전후의 개에게 많이 발병되는 듯하다.

치료와 예방

혈액검사로 알레르기 원인(알레르겐)을 특정할 수 있다. 2~10주에 걸쳐서 원인으로 생각되는 음식물을 제거하면서 증상을 살펴보고 원인을 특정하는 방법도 있다. 약으로는 별로 효과가 나타나지 않기 때문에 원인이 되는 음식을 찾아내어 급여하지 않는 것이 가장 좋은 방법이다.

접촉성 피부염

긴 빈 노 자 대 소 ♂ ♀

어떤 특정 물질에 닿으면 알레르기 반응을 일으키고 피부염이 되는 경우가 있다.

증상

접촉한 부분이 빨갛게 듬성듬성 발진하거나 가렵고 탈모 등이 일어난다. 목이나 입 주변, 흉부나 다리 등 털이 없는 부분에 번지는 경우가 많고, 식기나 장난감에 반응한 경우는 코나 입에 증상이 많이 나타난다.

원인

목걸이나 플라스틱 식기, 샴푸, 세제, 바닥의 왁스류, 카펫, 나일론, 검, 살충제, 소취제 등 다양한 물품이 원인이 된다.

치료

잘 관찰해서 원인이 되는 물건을 알아내어 사용을 중지한다.

지루증

긴 빈 노 자 대 소 ♂ ♀

피부의 신진대사 이상으로 기름지게 되거나 반대로 건조해져서 비듬이 많아지는 질환이다. 코커스파니엘, 시추 등 피지 분비가 많은 견종은 기름지게 되는 유성 지루증에, 저먼 셰퍼드, 아이리시 셰터 등의 견종은 버석거리는 건성 지루증에 걸리기 쉽다.

증상

가슴이나 등줄기, 겨드랑이 아래, 귀속 등 피지 분비가 많은 부분이 기름지고 끈적거리는 피부나 또는 버석버석 건조하고 비듬이 많은 피부가 된다. 몸은 특유의 심한 냄새가 나게 되고 탈모가 일어나는 경우도 있다. 증상이 진행되면 가려움도 생기고 세균이나 마라세티아에 감염되는 경우가 많다.

원인

정상이라면 3주 정도 걸리는 피부의 각질화 사이클이 매우 빨라져 피부가 지루화된다. 또 피부의 윤기에 중요한 피지샘에 이상이 생겨 발생하는 경우도 있다. 호르몬의 이상이나 영양불균형, 피부기생충이나 세균감염, 알레르기 등 원인은 다양하다.

치료와 간호

각질을 녹이는 샴푸 등으로 피부의 컨디션을 조절한다. 다른 질환이 원인인 경우는 그것부터 치료해야 한다. 좀처럼 낫지 않고 만성화되는 경우가 많은 피부병이다. 평소 식사의 영양 밸런스에 신경 쓰고 체질 개선을 도모하며 피부를 청결하게 유지하는 것이 중요하다.

농피증

감염에 의한 피부병 중에서 가장 많이 발생하는 질환이다. 평소라면 몸에 달라붙어도 문제가 없는 세균이, 개의 저항력이나 면역력이 떨어져 있는 경우 증식해서 피부를 화농화한다. 감염의 깊이나 염증이 일어나는 위치는 다양하며 피부가 농화되면 심한 가려움이 발생한다.

증상

피부가 빨갛게 되고 표면에 우둘투둘한 부스럼이 생기거나 액체나 고름이 고인 수포나 농포가 생기는 경우도 있다. 감염은 피부 표면에서 일어난 경우라고 해도 심한 가려움을 동반하며, 진피 피부층에서 일어났다면 심한 통증과 함께 열이 나기도 한다. 이 경우 심하게 긁거나 핥는 행동을 반복하여 환부가 탈모를 일으키는 경우가 많다.

원인

감염시키는 것은 주로 포도구균이라고 하는 세균이다. 간단한 소독 정도로 낫는 경우도 많지만, 몸의 저항력이 떨어져 있거나 면역력이 저하되어 있어 케어가 되지 않으면 피부를 화농화시킨다.

치료와 간호

증상을 보면서 항생물질이나 항균제를 투여하고 세균의 증식을 억제한다. 만성화된 경우에는 약의 투여가 장기화되기도 한다. 가정에서는 약용 샴푸 등을 사용하고, 빗질로 몸을 청결하게 유지하도록 신경 쓰자. 증상이 나타나면 고온이나 다습한 환경은 피해야 한다.

발톱진드기cheyletiella 감염증

긴 빈 노 자 대 소 ♂ ♀

0.5mm 크기의 발톱진드기는 기생하면 산란을 하여 개의 체표에서 성장한다. 개가 감염되면 가려움증이 생기고 대량의 비듬이 발생하는 것이 특징인데, 접촉한 사람에게도 감염되어 심한 가려움과 발진을 일으키기도 한다.

증상

비듬이 많아지고 털의 윤기가 나빠지며 탈모가 생기기도 한다. 대부분은 심한 가려움증이 나타난다. 개의 털을 갈라서 돋보기 같은 것으로 관찰하면 부스럼같이 된 비듬 속에서 발톱진드기가 움직이는 것이 보인다. 감염된 개를 안거나 만졌을 때 사람에게 옮길 수도 있으므로 주의해야 한다.

치료와 예방

약욕제 등으로 발톱진드기를 구제한다. 대량으로 발생한 경우에는 털을 깎는 것도 좋다. 예방에는 적하형 살충제가 효과적이다.

모낭충증

긴 빈 노 자 대 소 ♂ ♀

원래 개의 모공에는 현미경으로만 확인할 수 있는 초소형 진드기인 모낭충이 상주하는 경우가 많은데, 이 진드기가 이상하게 번식해서 발생하는 것이다. 저항력이 약한 새끼가 걸리기 쉽고 심해지면 피부염이나 탈모, 가려움이 발생한다. 모포(모공)에 기생한다고 해서 모포충이라고도 한다.

증상

1세 미만의 자견에게 흔히 발생한다. 초기에는 눈, 코, 입 주변이나 발끝 등의 털이 빠지는데, 가려움이나 발진도 가볍기 때문에 그냥 지나치기 쉽다. 하지만 탈모가 서서히 번지면 온몸에 퍼지게 된다. 세균에 의한 2차 감염이 일어나면 화농, 출혈, 짓무름이 나타나며 가려움도 심해지기 때문에 개가 긁어대거나 핥으면 증상이 더욱 악화된다. 노견이 걸리는 경우도 증가하고 있는데, 이 경우에는 내분비의 질환이나 면역계의 이상 우려가 있다.

원인

보통의 건강상태라면 발병하지 않지만 면역력이나 저항력이 저하되거나 영양상태가 나쁘면 모공의 바리어 기능이 작용하지 못하고 진드기가 폭발적으로 증식하여 발생하는 것으로 보인다.

치료와 간호

진드기를 구제하는 약은 다양하며 어느 것이든 장기간의 치료가 필요하다. 약용샴푸를 사용하거나 털을 깎는 경우도 있다. 면역력을 높이는 대책이 필요하며, 식사나 보조제로 커버할 수 있는 부분도 있으므로 수의사의 지시에 따르도록 한다.

개선충증

긴 빈 노 자 대 소 ♂ ♀

현미경으로만 보이는 초소형 옴벌레가 개의 피부에 구멍을 뚫고 기생하면서 일어난다. 밤에는 잠을 잘 수 없을 정도로 심한 가려움증이 나타난다. 개에게 기생하는 옴벌레는 극히 드물게 사람의 피부에 알레르기를 일으키기도 한다.

증상

특히 팔꿈치나 발꿈치, 귀 등에 탈모나 염증이 발생해 피부가 딱딱해지고 비듬이 발생한다. 매우 가려워하고 밤낮없이 긁어댄다. 질병이 진행되면 부스럼이 생기고 그 밑에서 옴벌레가 번식한다. 심해지면 온몸에 피부염이 번진다.

원인

개의 피부에 구멍을 뚫어 침입한 진드기가 그 속에 산란하거나 배설하면서 평생을 보내기 때문이다.

치료와 예방

진드기 구제약을 투여한다. 구제약이 진드기 알에는 효과가 없기 때문에 1주일 정도 간격을 두고 투여를 반복해야 한다. 전신의 털을 깎는 경우도 있다. 전염력이 강하기 때문에 병에 걸린 개에게 접촉한 동물은 검사를 하는 것이 좋다.

피부사상균증

긴 빈 노 자 대 소 ♂ ♀

사람으로 치면 비듬에 해당하는 피부병이다. 개에게 발병하는 경우는 많지 않지만 걸리면 탈모가 일어나 오래 끄는 질병이다.

증상

가려움이 나타나는 경우는 거의 없지만 10원짜리 동전만한 원형 탈모가 생기는 것이 특징이다. 심해지면 탈모 부분이 커지고 비듬이 생기거나 부스럼이 되기도 한다.

원인

곰팡이의 일종인 피부사상균에 감염되어 발병한다. 약한 표피에서 증식하고 부분적으로 염증을 일으킨다.

치료와 간호

연고를 바르거나 내복약을 투여한다. 털을 깎고 약용샴푸로 씻기도 한다. 화장실 매트 등을 통해 사람에게 옮을 수 있으니 주의해야 한다. 청소나 소독을 부지런히 하고 개를 만진 후에는 손을 씻는다.

마라세티아 감염증

긴 빈 노 자 대 소 ♂ ♀

지방을 영양으로 이용하는, 효모균에 속하는 진균 마라세티아에 의해 일어난다. 피부나 귀 속에 증식하여 피부염을 악화시키거나 외이염을 일으킨다. 심한 가려움증을 동반한다.

증상

마라세티아에 의한 외이염에서는 머리를 흔들거나 귀를 긁는 등 전형적인 외이염 증상을 보인다. 귀지가 대량으로 나오거나 초콜릿색이 되고 신 냄새 같은 것이 난다. 피부에서는 겨드랑이나 다리 안쪽의 겹치는 부위, 발가락 사이, 음부 등에 염증이 일어난다. 빨개지거나 건조해지거나 끈적거리거나 심한 가려움이 나타난다.

원인

마라세티아는 통상적으로도 피부나 귀에서 보이는 미생물인데, 알레르기나 염증, 지방분이 많은 식사 등으로 피지가 많아지면 과도하게 증식하게 된다. 특히 고온다습하고 귀지 등이 영양분이 되는 귓속은 번식하기 쉬운 장소이다.

치료와 예방

항진균 약을 투여하거나 바르는 외에 약용샴푸로 세정한다. 피부나 환경을 청결하게 유지한다.

자기면역에 의한 피부병

긴 빈 노 자 대 소 ♂ ♀

사람이나 동물은 체내에 바이러스나 세균을 비롯한 유해한 물질이 침입했을 때 그것을 공격해서 배제하려는 면역이라는 기능을 갖고 있다. 이 면역기능에 이상이 발생하여 자신의 몸을 공격하는 경우가 있는데 피부에도 다양한 증상을 일으킨다.

증상

대부분 천포창이라는 피부병 증상을 보인다. 입안이나 눈 주변이나 항문 주변 등에 심한 가려움증을 동반한 염증이나 탈모가 일어난다. 또 손가락 사이나 발패드, 귀, 코 등에 염증이 일어나고 딱지나 탈모가 발생하는 타입도 있다. 천포창 외에 자기면역성 피부병으로 수포성류 천포창, 홍반성 낭창 Erythematodes 이 알려져 있는데 수포성류 천포창은 발열이나 탈수 등이, 홍반성 낭창은 발열, 신장장애, 빈혈 등의 전신증상을 일으킨다.

원인

모종의 이유로 면역이 피부 세포를 공격해서 일어난다. 원인으로 자외선, 감염, 알레르기, 유전적 요소 등을 생각할 수 있지만 확실한 것은 알려져 있지 않다.

치료와 간호

몇 가지 약을 조합해서 투여한다. 일반적으로 피부병 치료에는 끈기가 필요한데, 자기면역성인 질병은 특히 장기요양을 해야 한다. 자기면역력의 밸런스를 조절하도록 피부를 청결하게 유지하고 최대한 자극을 받지 않기 위해서는 직사광선을 피하거나 기생충을 구제하는 등의 주의가 필요하다.

내분비성 피부병

긴 빈 노 자 대 소 ♂ ♀

사람이나 동물의 몸속에서는 다양한 호르몬이 분비되어 몸의 기능을 컨트롤한다. 이 호르몬의 양이 너무 많거나 적으면 몸 전반에 이상이 생겨 피부병을 일으키기도 한다.

증상

호르몬이 분비되는 위치에 따라 증상이 다양한데 피부에 좌우대칭으로 발생하는 탈모 증상이 특징이다. 부신피질 호르몬이나 성장 호르몬의 이상으로는 동체를 중심으로 넓게 탈모되고, 성호르몬에서는 생식기나 항문 부근의 탈모가 발견된다. 가장 많은 갑상선 호르몬의 이상으로는 동체의 탈모가 많은데, 대형견은 다리털이 빠지는 경우도 있다. 어느 것이든 다른 장기에까지 영향을 미치기 때문에 다양한 증상이 나타난다.

원인

호르몬 분비량의 과잉이나 부족에 의해서 발생한다. 호르몬이 털의 근원에 있는 모포에 영향을 미치기 때문에 탈모가 일어난다.

치료

혈액 속의 호르몬 양을 계측할 수 있으므로 그 결과에 따라 호르몬을 보급하거나 너무 많은 경우에는 제어하는 치료를 하며, 대체로 장기간에 걸쳐 이루어진다.

피부 종양

피부나 피하에 생기는 종양은 유선 종양 다음으로 발생률이 높은 종양이다. 양성에는 선종, 지방종, 상피종이 있고, 악성에는 편평상피암, 선암, 비만세포종 등 다양한 타입이 있다. 피부종양의 경우 체표에 멍울이 나타나는 경우가 많기 때문에 발견하기 쉽지만 양성인지 악성인지를 반려인이 스스로 판단하기는 곤란하므로 발견 즉시 진료를 받도록 한다.

증상

피부나 피하에 멍울이 느껴진다. 종양이 커지거나 수가 많아지는 경우에는 내장으로 전이될 위험성이 증대한다. 궤양이나 외상과 구별하기 어려운 경우도 많으므로 주의가 필요하다. 악성 편평상피암은 털이 빠지고 궤양이 되거나 부스럼이나 피부병 또는 상처처럼 보인다. 두부나 복부, 회음부에 잘 발생한다. 선암은 귀나 항문에 잘 발생한다. 단기간에 커지거나 림프관이나 혈관을 통해 전이되기도 쉬운 암이다. 비만세포종 또한 전이되기 쉬운 악성암으로, 하반신에 많이 발생하고 나이를 먹을수록 발생 빈도가 높아진다. 종양이 생긴 부분의 피부는 부풀어 올라 혹처럼 되거나 피부가 괴사하기도 하지만 단순한 사마귀와 구별이 되지 않는 경우도 있다.

원인

유전적인 요인 외에 자외선 등도 원인이 된다.

치료와 간호

외과수술에 의한 절제가 일반적이다. 방사선 치료나 항암제를 투여하는 경우도 있다. 조기발견이 중요하다. 피부암은 몸의 표면을 쓰다듬어서 멍울이 없는지 확인하면 발견할 수 있다. 또 피부병이나 상처와 구별하기 어려운 경우도 많이 있으므로 주의해야 한다.

눈과 귀의 질병

눈은 세균에 감염되거나 다치기 쉬운 곳이다. 또 개의 귀는 사람보다 복잡하게 이루어져 있어 질병이 많은 부위이다. 평소 잘 관찰하면 이상을 빨리 발견할 수 있다.

안검내반·외반

안검내반은 눈꺼풀과 속눈썹이 안쪽으로 감겨 있는 상태이다. 반대로 아랫눈꺼풀이 뒤집혀 있는 것처럼 바깥쪽으로 말려 있는 것이 안검외반이다.

증상

내반은 속눈썹이 눈의 표면을 찌르기 때문에 항상 아프고 눈물이 많이 나게 된다. 외반은 결막염이나 유루증의 원인이 되는 경우가 많고 눈곱이 많이 나온다. 개는 눈에 문제가 있는 듯 자꾸 신경 쓰는 행동을 하게 된다.

원인

선천적인 이상으로 일어나는 경우가 많은 질환인데, 눈 주변의 상처나 질병의 통증 때문에 눈꺼풀이 경련해서 일어나는 경우나 노령으로 안륜근이 약해져서 일어나는 경우 등도 있다.

치료와 간호

결막염 등의 질환을 병발하는 경우가 많기 때문에 일단 그 질환부터 치료한다. 그 후 속눈썹을 뽑거나 연고를 발라서 대응한다. 내반, 외반 모두 중증인 경우에는 수술로 치료하는 것이 일반적이다.

속눈썹 이상

선천적으로 속눈썹이 나는 방향이 정상이 아니거나 돋아나서는 안 될 곳에 나는 질환이다. 속눈썹이 각막을 자극해서 상처입히는 경우도 종종 있으므로 빠른 치료가 필요하다.

증상

속눈썹이 결막에서 돋아나 각막 쪽으로 향해 있는 이소성 첩모, 눈꺼풀의 테두리에서 돋아나 각막에 접촉하는 첩모중생, 돋아난 장소는 정상이지만 각막을 향해 돋아난 첩모난생 등이 있다. 모두 다 방치하면 각막염이나 각막궤양의 원인이 되므로 치료가 필요하다.

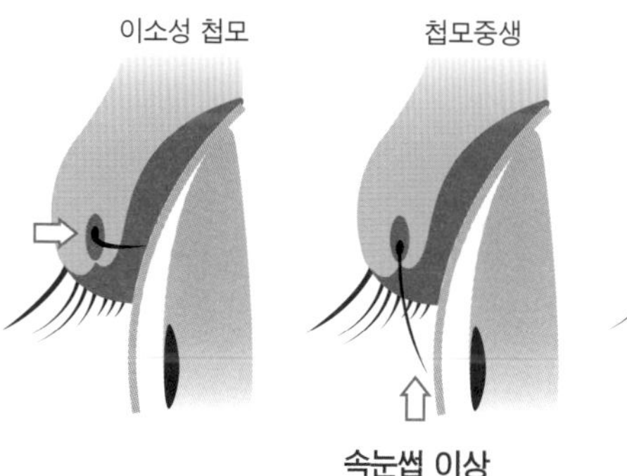

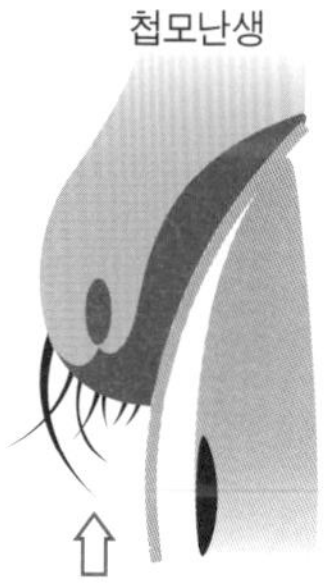

속눈썹 이상

원인

일시적인 역행성 눈썹 등과 달리 선천적으로 눈썹이 이상한 상태로 나는 질병이다.

치료

이상하게 난 속눈썹을 뽑는 치료의 경우 정기적으로 계속 뽑아주어야 한다. 레이저수술 등으로 모근을 태우는 방법도 있다.

유루증

긴 빈 노 자 대 소 ♂ ♀

일반적으로는 비루관을 통해 코로 흘러내려야 하는 눈물이 코로 배출되지 못하고 눈으로 끊임없이 넘쳐나는 상태이다.

증상

눈물이 계속 흐르기 때문에 눈에서 코를 따라 털이 적갈색으로 변색된다. 눈꺼풀에 염증이 생기는 경우도 있다.

원인

눈물이 많이 분비되거나 눈자위에 있는 누선에서 코로 이어지는 비루관으로 배출되지 못해서 발생하는 것이다. 선천적으로 누점이나 비루관에 이상이 있는 경우나 각막염이나 결막염의 영향, 안륜근의 기능저하 등 원인은 다양하다.

치료

다른 질환이 원인이라면 그 병부터 치료한다. 염증인 경우에는 항생물질을 투여한다. 누점이나 누관을 세정하는 경우도 있다.

체리아이

긴 빈 노 자 대 소 ♂ ♀

아랫눈꺼풀 안쪽의 안구를 보호하는 막에 있는 제삼안검선이 돌출되는 질환이다. 빨간색 혹처럼 보이기 때문에 이런 이름으로 불린다. 그 밖에 다양한 안질환을 일으키기 쉽다.

증상

대부분은 양쪽 눈에 생기는데 한쪽 눈에만 생기기도 한다. 제삼안검선이 크게 부어오르기 때문에 개가 눈을 비벼서 결막염이나 각막염을 병발하는 경우가 종종 있다.

원인

비글이나 코커스파니엘, 페키니즈 등은 선천적으로 발생하기 쉬운 견종으로 알려져 있다. 외상이나 염증 등이 원인으로 발생하는 경우가 있고 개가 눈을 비비다 튀어나오는 경우도 있다.

치료

일반적으로 튀어나온 제삼안검을 원래 위치로 돌려놓고 봉합한다. 절제해야 하는 경우도 있다.

결막염

눈꺼풀 안쪽, 뒤집은 것처럼 보이는 곳이 안검결막이다. 그 점막이 염증을 일으키는, 눈의 질병에서는 가장 흔히 발견되는 질환이다.

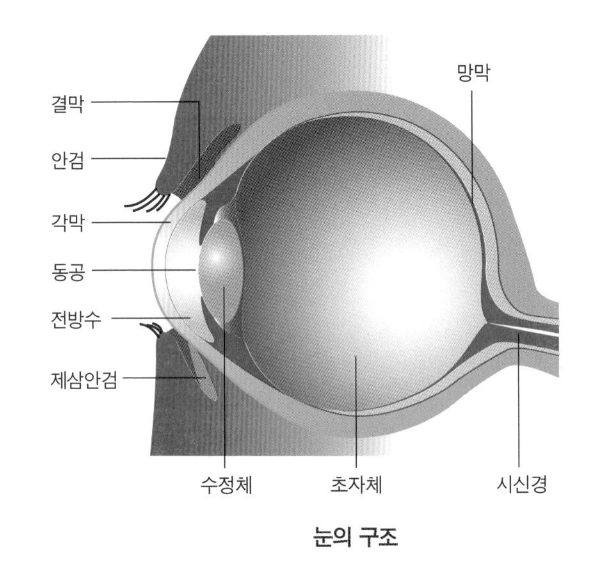

눈의 구조

증상

눈꺼풀을 뒤집으면 결막이 충혈되고 부어 있는 것을 알 수 있다. 눈물이나 눈곱이 많이 나오고 가렵기 때문에 개는 앞발로 눈을 비비거나 바닥에 얼굴을 비벼댄다.

원인

세균이나 바이러스에 의한 감염이 일반적이며 먼지나 알레르기 등도 원인이 된다. 결막은 다른 점막보다 외부에 접할 기회가 많기 때문에 염증이 일어나기 쉽고 눈을 비비거나 털이 들어가서 발생하기도 한다.

치료

원인을 치료하고 눈을 세정한 후 점 안약을 넣고 연고를 바른다.

각막염

긴 빈 노 자 대 소 ♂ ♀

홍채와 동공을 보호하고 빛을 통과시키는 눈 앞쪽의 투명한 막으로, 카메라로 말하면 렌즈에 해당하는 각막에 염증이 일어나는 질환이다. 심한 통증이 생기고, 악화되면 각막이 하얗게 흐려지며, 더 깊은 곳에서 궤양이 일어나기도 한다.

증상

통증 때문에 눈을 슴벅거리거나 눈이 부신 듯이 행동한다. 눈꺼풀이 경련을 일으키거나 눈물이 흘러넘치기도 한다. 눈이 충혈되고 염증이 번지면 각막은 하얗게 흐리게 보이게 되고, 더 악화되면 각막 표면이 올라와 그 부분에 혈관이 생긴다.

원인

대부분 바이러스나 세균에 감염되거나 눈을 부딪치는 등의 부상 때문에 염증이 발생한다. 눈물의 양이 적은 건조증 등이 원인이 되기도 한다.

치료

원인에 대응하는 점안약, 연고 등을 사용하고 진통제도 투여한다. 조기치료가 중요하므로 개가 눈을 불편해하는 것 같다면 당장 수의사에게 상담한다.

포도막염

긴 빈 노 자 대 소 ♂ ♀

홍채, 모양체, 맥락막 등의 포도막은 혈관이 많고 염증이 일어나기 쉬운 곳이다. 심해지면 실명할 우려도 있다.

증상

눈을 아파하고 눈곱이나 눈물이 많아지고 눈꺼풀이 경련하기도 한다. 증상이 심해지면 안저출혈이나 망막박리가 일어나고, 시력에 장애가 생기기도 한다.

원인

외상이나 주위의 염증 등의 원인이 있는데 대부분은 원인이 확실하지 않다. 아키타견에게는 원전병이라는 유전병이 있는데 포도막염이나 백내장을 일으킨다.

치료

원인을 알고 있다면 그에 따른 치료를 하면 되고, 원인을 알 수 없는 대부분의 경우에는 증상에 따라 소염제나 항생물질, 산동약 등으로 증상을 완화시키는 치료를 한다.

백내장

개에게는 많이 발생하는 질환이다. 눈의 수정체가 하얗게 흐려지고 시력이 저하되며 실명에 이르는 경우도 있다. 견종을 불문하고 나이를 먹으면서 어느 개에게나 일어나는데, 2세 이전에 일어나는 약년성도 있다.

증상

시력이 저하되어 여기저기 부딪치거나 움직이는 것에 반응하지 않게 되고 계단을 내려가기 무서워하는 등 개의 행동 변화 때문에 반려인이 눈치채는 일이 많다. 눈을 관찰하면 수정체가 하얗게 탁하거나 동공이 항상 확장되어 있다. 특히 어두운 곳에서는 시력이 현저히 떨어지고, 질병이 진행되면 실명에 이른다.

원인

대개는 노화에 의한 것으로 평균적으로 6세를 넘긴 시점부터 서서히 증상이 진행된다. 외상이나 당뇨병, 내분비 이상 등이 원인이 되는 경우도 있다. 약년성은 유전에 의한 것으로 보인다.

치료

백내장이 극적으로 개선되는 경우는 희박하다. 안약이나 물약은 질병의 진행을 억제하는 목적으로 사용한다. 동물 안과학의 진보로 전문의가 수술하는 경우도 있지만 아직 일반적이지는 않다. 눈이 잘 보이지 않는 개를 키우는 경우에는 다치지 않도록 환경을 정돈한다.

녹내장

안구 속을 채우고 있는 액체(안방수)가 배출되지 못해서 안압이 이상하게 높아지는 질환이다. 시야가 좁아지고 병이 더 진행되면 실명한다. 빛을 쪼이면 눈 속이 녹색으로 보여서 녹내장이라고 한다.

증상

초기에는 증상이 별로 나타나지 않지만 진행되면 눈이 아파지기 때문에 눈을 비비거나 신경을 쓴다. 동공이 열린 채 있고 각막이 뿌옇게 보인다. 빛에 민감하게 반응하고 기운이나 식욕이 저하되며, 더 심해지면 눈이 튀어나오듯이 커지고 시력이 저하되면서 방치하면 완전히 실명한다.

원인

안압이 상승하여 시신경을 압박하면서 장애가 발생한다. 유전에 의한 것이 많은데 포도막염이나 종양 등의 질병이 원인인 경우도 있다.

치료

안압을 내리기 위한 점안약이나 내복약을 사용한다. 안압이 내려가지 않는 경우에는 수술을 한다. 치료를 해도 중증의 녹내장은 완치되지 않는 경우도 많고, 불행하게도 실명한 경우에는 안구를 적출하고 의안을 넣기도 한다.

망막박리

망막은 안구 안쪽의 뒷면에 있는 빛을 감지하는 부분이다. 매우 얇은 막으로 이 망막이 어떤 원인으로 벗겨진 상태를 망막박리라고 한다. 진행성 질환으로 시력 장애가 진행되어 결국에는 실명하게 된다.

증상

보통은 통증이 없기 때문에 증상이 확실하게 나타나지 않고 반려인이 이상을 느꼈을 때에는 이미 시각장애가 진행되었거나 실명해 있는 경우도 있다. 다른 질병 검사에서 발견되는 일이 종종 있다.

원인

콜리 등에서는 유전에 의해 선천적으로 발행하는 일이 많다. 그 밖에는 망막과 맥락막 사이에 염증이 생겨 발병하거나, 유리체가 변형되어 일어나거나 사고 등으로 두부에 받은 충격이 원인이 되기도 한다.

치료와 간호

벗겨진 망막을 원래대로 돌리는 효과적인 치료법은 없고 치유가 어려운 질병이다. 안정을 시키고 두부에 충격을 주지 않도록 주의한다.

안구 탈출

긴 빈 노 자 대 소 ♂ ♀

사고나 싸움 등이 원인이 되어 안구가 눈꺼풀 밖으로 튀어나온 상태이다. 눈의 표면이 건조하거나 화농화되어 조직이 괴사하기도 한다.

증상

튀어나온 안구에 염증이 생기고 붓는다. 또 탈출 때문에 팽팽하게 당겨져 있기 때문에 눈꺼풀이나 결막이 부어오르기도 한다. 그대로 방치하면 괴사되므로 반드시 치료해야 한다.

원인

머리나 몸에 강한 충격을 받으면 눈이 튀어나오게 된다. 특히 시추나 퍼그, 불독 등의 단두종은 작은 충격에도 탈출이 일어나는 일이 흔하다.

치료

증상이 가벼우면 안구를 소독세정하고 냉각시켜 붓기를 가라앉히고 원래대로 되돌린다. 심한 경우에는 눈꺼풀의 일부를 절개하여 집어넣어야 하며 중도의 손상이 있을 때에는 안구를 적출해야 하는 경우도 있다.

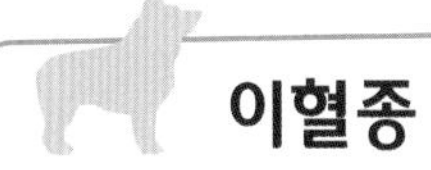

이혈종

긴 빈 노 자 대 소 ♂ ♀

이개의 피부와 연골 사이에 혈액이나 액체가 쌓여 부어오르는 상태이다.

증상

대부분의 경우 이개의 안쪽이 부어오르고 열과 통증을 동반한다. 고인 액체가 적은 경우에는 흡수되지만 환부가 클 때에는 귀의 연골이 위축되고 이개가 목이버섯 모양으로 변형되는 경우가 있다.

원인

외이염의 가려움 때문에 귀를 긁거나 머리를 세게 흔들거나 할 때 혈관이 터지면서 혈액이나 액체가 쌓여서 일어난다. 상처나 알레르기가 원인이 되어 발병하기도 한다.

치료와 예방

귀를 절개하는 등 고인 피나 액체를 빼낸다. 재발할 때에는 절개 후 특수한 봉합법으로 근치를 도모한다. 외이염이 원인이 되어 일어난 경우에는 이것을 치료하면서 귀를 청결하게 유지한다.

외이염

외이도에 염증이 생기는 흔한 질환이다. 귀가 늘어져 있는 개는 통풍이 잘 안 되기 때문에 더 걸리기 쉽다는 것이 통설이지만, 외이도에 털이 많이 나는 개가 더 잘 걸리고 체질적으로 귀지가 많이 쌓이는 견종도 있는 것 같다.

증상

가려움 때문에 뒷발로 귀를 긁거나 귀를 땅에 비벼댄다. 가려움이 더욱 심해지거나 통증이 생기면 자주 머리를 흔들거나 고개를 기울인 채로 있다. 항상 귀지가 쌓인 상태이고 외이도에서 지저분한 악취가 나게 된다. 악화되면 중이염, 내이염으로 진행되고, 또 안면마비 등의 신경증상을 일으키기도 한다.

원인

외이도의 귀지에 세균이나 곰팡이 등이 번식해서 염증이 생기는 것이 일반적인데, 풀이나 곤충, 샴푸 등이 귀로 들어가거나 아토피 등의 알레르기도 원인이 된다. 귀옴벌레라는 미세한 진드기나 마라세티아라는 효모균이 원인인 경우도 있다. 화농균이 항생제로 퇴치된 후에 균교대증이 나타나 효모균이 증식하기도 한다.

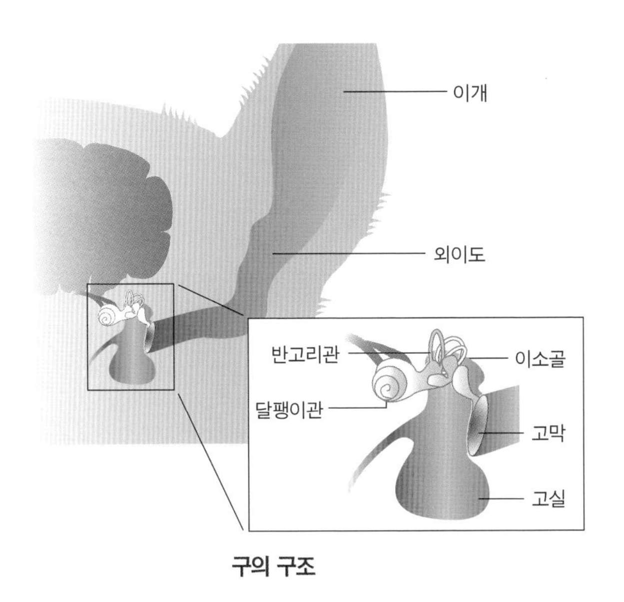

구의 구조

치료와 예방

원인을 밝혀내고, 소염제나 항생물질을 투여한다. 또 귓구멍을 세정하고 살충제를 넣어 진드기의 증식을 억제한다. 아토피 등이 원인인 경우에는 그 질병의 진행을 억제한다. 정기적인 귀청소는 필요하지만 면봉 등으로 너무 자주 하거나 깊이 넣으면 오염물질이 침입하는 모양새가 되어 오히려 귀를 상처 입힐 우려가 있으므로 주의가 필요하다.

중이염

대부분의 경우가 외이염이 진행되어 염증이 중이까지 번진 상태이다.

증상

일반적인 증상은 외이염과 거의 비슷하다. 열이 나거나 심한 통증 때문에 머리를 기울인 채 있다. 안면마비 등의 신경증상이나 청각장애 등을 일으키기도 한다.

원인

원인은 외이염과 거의 동일한데 외이의 염증이 번져서 일어난다. 중이의 고실까지 염증이 일어나 고름이 쌓이기도 한다.

치료

병발해 있는 외이염의 치료를 겸해서 하고 항생물질이나 소독제를 투여한다. 수술을 하기도 한다.

내이염

귀의 가장 안쪽 깊은 곳에 있는 내이에서 일어나는 내이염은 외이염이나 중이염이 확대되어 일어난다. 내이까지 염증이 진행되면 그 끝은 뇌이기 때문에 극히 조심해야 한다.

증상

증상은 중이염과 거의 비슷하다. 단 내이에 있는 전정신경에 염증이 생기면 평형감각을 잃고 쓰러지기도 하고 같은 장소를 빙글빙글 돌기도 한다. 난청이 되는 경우도 있다.

원인

일반적으로 외이염에서 중이염으로, 중이염에서 내이염으로 발전한다.

치료

원인이 되는 외이염이나 내이염 치료를 한다. 장애가 심하면 증상의 개선이 어려워진다.

이빨과 구강 질환

소형 견종은 유전적으로 이빨이나 구강 질병에 걸리기 쉬운 경향이 있다.
평소 입속을 잘 관찰하여 조기에 치료하자.

치주 질환

이빨 주변에 일어나는 질병인 치주 질환은 잇몸염증과 치주염으로 나눌 수 있다. 초기에는 잇몸이 염증을 일으키는 잇몸염증이 되지만 점차 치주염으로 진행되고 이빨이 흔들리게 되어 빠지거나 고름이 고이며 원래 상태로는 돌아갈 수 없다.

증상

이빨이 빨갛게 붓고 딱딱한 음식이 잇몸에 닿으면 아파하며 치구나 치석이 쌓이고 음식을 잘 먹지 못한다. 염증이 심해지면 잇몸이 화농화되어 구취가 심해지고 이빨이 흔들리다가 결국 빠지게 된다. 치주 질환의 세균이 잇몸에서 혈관으로 들어와 온몸으로 이동하여 신장이나 심장 등 다른 장기의 질병의 원인이 되기도 한다.

원인

입안을 불결하게 관리하면 치구가 쌓이고 곧 치석이 낀다. 치구 안에 있는 세균이 치주 질환을 일으킨다. 치구나 치석을 방치하면 치주 질환이 악화된다.

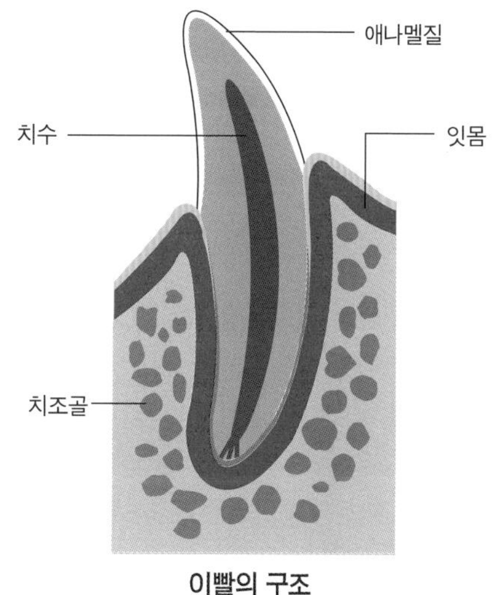

이빨의 구조

치료와 간호

경도라면 입안을 청결하게 하고 치구를 제거한 후 필요에 따라 항생물질을 투여한다. 심할 때에는 마취하에 치구나 치석을 제거하고 환부를 소독하여 항생물질이나 소독제를 투여한다. 흔들림이 심하면 이빨을 발치할 수밖에 없다. 매일 할 필요는 없지만 정기적으로 양치질하는 습관을 들이도록 한다. 평소 입술을 뒤집어 이빨을 살펴보고 체크한다. 양치질 방법은 수의사의 지도를 따른다.

치근첨주위농양

이빨 뿌리 쪽에 심한 염증을 일으키고 고름이 고인 상태이다. 밖에서는 보이지 않기 때문에 증상이 진행되기 전까지는 반려인이 좀처럼 알아차리기 어려운 질병이다.

증상

딱딱한 것을 깨물지 못하거나 심해지면 고름이 고여 얼굴이 부어오르기도 한다. 상부의 어금니가 흔들리게 되고 빠지기도 한다. 치근부의 화농이 번지기 때문에 코에서 피가 나거나 고름이 나기도 한다.

원인

치주 질환이 심해져서 일어나거나, 이빨이 부러지거나 빠져서 치수가 노출되면 치근 주위가 세균에 감염되면서 일어난다.

치료와 예방

이빨의 괴사한 부분을 도려내고 약을 채우거나 발치를 한다. 예방으로는 치주 질환이 되지 않도록 이빨 손질을 해야 하고, 딱딱한 것을 장난삼아 씹는 버릇이 있을 때에는 갖고 노는 장난감에 신경 써서 교정시키도록 한다.

충치

긴 빈 노 자 대 소 ♂ ♀

개의 입속은 사람보다 충치의 원인균이 서식하기 어려운 환경이기 때문에 개는 충치가 적은 것으로 인식되다가 현재는 입속 질병의 10% 가까이가 충치인 것으로 알려졌다. 노견이 되면 잘 발병하게 된다.

이빨이 갈색이나 검은색으로 변하고, 구멍이 뚫리기도 한다. 잇몸의 바로 위나 맞물리는 부분이 충치가 생기기 쉽고, 증상이 진행되면 통증 때문에 먹지 못하게 되거나 구취가 심해진다.

원인

음식찌꺼기 등이 이의 표면에 부착되어 세균의 온상이 되면 치석이 된다. 치석 속의 탄수화물이 발효되면 유기산이 만들어져 이빨을 침범하여 짓물러지면 충치가 된다. 충치는 표면의 애나멜질에서 심부로 진행되고 결국 치수까지 침범한다.

치료와 예방

이빨의 애나멜질과 상아질을 제거하고 충진해서 수복한다. 진행되면 발치한다. 평소 치구나 치석이 붙지 않도록 칫솔질을 해서 이빨을 닦아주거나 양치용품을 급여하여 입속의 위생을 보호하자.

애나멜질 형성부전

이빨 표면의 애나멜질이 충분히 발달되지 않아서 이빨이 보호받지 못하고 부러지기 쉽거나 음식물이 이빨을 자극하는 등의 개에게는 비교적 흔히 보이는 질병이다.

증상

표면의 애나멜질이 얇거나 전혀 없기 때문에 이빨이 갈색이 되어 치구나 치석이 끼기 쉬워진다. 또 애나멜질은 이빨 보호층이기도 하므로 애나멜질이 없으면 강도가 약해서 이빨이 쉽게 부러지게 된다.

원인

영구치의 애나멜질이 형성되는 생후 1~4개월 무렵에 홍역 등의 감염증, 영양장애, 약물섭취 등으로 인해 충분하게 발달하지 못해서 일어난다.

치료와 간호

이빨 표면을 매끄럽게 하고 수복재로 수복한다. 표면 특수 코팅으로 보호하기도 한다.

구내염

입안의 점막에 생기는 염증을 총칭하여 구내염이라고 한다. 뺨 안쪽이나 혀 아래쪽 등에 잘 발생하고 붓거나 문드러진다. 잇몸에 염증을 일으키는 잇몸염증도 구내염의 일종이다.

증상

밥을 먹기 힘들어 하고 구취가 난다. 심해지면 식욕이 없어지거나 침을 흘리거나 피가 나기도 한다. 입안이 빨갛게 붓거나 문드러지는 증상을 보인다.

원인

개는 이물질을 씹는 버릇이 있는데 이빨 사이에 나뭇조각이나 뼛조각 등의 이물이 끼어서 발생한다. 그 밖에 약품이나 화상, 바이러스나 세균 등의 감염, 비타민 부족 등 다양한 원인을 유추할 수 있다.

치료와 간호

소독제로 씻어주거나 소취제를 발라준다. 비타민제를 투여하기도 한다. 식사는 가능한 부드러운 것을 주고 물은 미지근한 것을 먹게 한다.

구강 종양

입안의 점막, 혀, 입술, 잇몸 등에 종양이 발생한다. 양성인 것으로는 잇몸에 생기는 에프리스, 유두종, 악성으로는 악성 흑색종, 편평상피암, 섬유육종 등이 있다.

증상

혹이나 종기가 입안에 생겼거나 점막이 문드러진다. 침이 흐르거나 크기에 따라서는 입을 벌린 상태로 있게 된다. 음식물을 잘 물지 못하게 되고 입에서 피가 나기도 한다. 악성 흑색종은 이름 그대로 검은 종양으로 점막이나 혀에 생긴다. 급속도로 성장하여 폐나 림프관에 전이되는 일이 많고, 악성도가 극히 높은 종양이다. 편평상피암은 점막이 문드러지거나 궤양을 일으키며 턱뼈로 번지는 경우가 많다. 섬유육종은 잇몸에 생기는 경우가 많고 혹 상태의 종양이 급속도로 커진다.

원인

유전 외에 입안의 위생 상태나 자극도 원인이 되는 것으로 보인다.

치료와 간호

수술에 의해 종양을 절제한다. 턱뼈에까지 번졌다면 턱뼈도 포함해서 종양을 적출해야 한다. 구강 종양은 발견하기 쉬운 편이다. 간혹 입을 벌리고 종기나 궤양이 없는지 조기발견에 힘쓰자.

종양

사람에게 발견되는 종양은 거의 개에게서도 발생한다. 종양은 조기발견을 하는 것이 중요하기 때문에 반려인의 세심한 관찰이 치료의 핵심이라고 할 수 있다.

종양이란

종양이란 몸속이나 피부 표면에 생기는 물질로 양성과 악성이 있다. 악성 종양은 이상하게 증식해서 다른 장소에 전이되면서 재발을 반복하는, 소위 '암'을 뜻한다.

피부 등의 체표에 발생하는 종양의 경우에는 자세히 관찰하면 조기발견이 가능하다. 피부나 유선, 항문 등의 상태를 잘 살펴보고 조금이라도 이상이 있는 것 같다면 일찌감치 병원에 데려가 진찰받도록 한다.

종양의 원인

사람의 경우와 마찬가지로 유전적인 요소뿐만 아니라 담배연기나 오염된 공기 등에 함유된 화학물질, 자외선이나 방사선, 바이러스 등이 원인이 되는 것으로 보인다. 의료가 발달하여 개가 장수하는 비율이 높아지면서 암에 걸리는 개도 증가하고 있다.

종양의 주요 종류

종양은 발생하는 조직에 따라서 분류된다. 피부나 소화기나 호흡기 표면에 생성되는 것이 상피성 종양, 뼈나 근육, 림프관 등에 생기는 것을 비상피성 종양이라고 하는데 각각 양성과 악성이 있다. 종양의 종류로는 다음과 같은 것들이 있다.

양성 종양

· 유두증

입안이나 피부에 생기는 양성의 칼리플라워 모양의 종양. 이른바 사마귀이다.

· 선종

분비물을 배출하는 선조직이 있는 곳에 생기는 종양이다. 특히 눈꺼풀이나 귀의 내부, 항문 주변 등에 나타난다. 표면은 평평하고 매끄러우며 종양이 퍼지는 일은 거의 없다.

· 지방종

배나 가슴, 겨드랑이 밑 등에 잘 생기는 동그란 모양의 부드러운 종양. 고령견에게 많이 나타나는 양성 종양이다.

악성 종양

· 편평상피암

눈이나 코, 입, 발가락 등에 잘 생기는 종양으로 불규칙하게 생성된다. 피부 아래까지 퍼지는 일이 많고 완치가 어려운 종양이다.

· 선암

소화기나 유선, 타액선, 취선, 전립선 등 분비활동을 하는 샘조직이 있는 곳에 발생한다. 개에게는 유선에 발병하는 일이 가장 많고 전이되는 경우도 빈번하다.

· 골육종

대형견에게 많이 발생하는 종양으로, 사지의 뼈에 생기며 악성도가 매우 높다. 다리에 생기는 경우가 많고 전이될 가능성이 매우 높은 질병이다.

· 림프관 육종

전신의 림프관(하악, 겨드랑이 아래, 서혜부 등)이 부어오르는 악성 종양이다. 만지면 둥글둥글한 멍울이 있다.

종양의 치료

암은 조기발견하여 조기치료하는 것이 중요하다. 치료법으로는 수술, 방사선요법, 화학요법, 면역요법 등이 있다. 암 조직을 적출하는 수술은 가장 효과적인 치료법인데, 전이가 보일 가능성이 있다면 완치가 어렵다. 방사선을 쪼이는 치료도 작은 범위에는 효과적이다. 또 항암제 등을 사용해 전신요법으로 실시하는 화학요법은 다른 치료법과 병용되는 경우가 많으며 림프종이나 백혈병에 효과가 있다. 면역력을 높이는 다양한 면역요법도 전신요법이다.

※ 주요 종양의 증상이나 치료에 관해서는 각 부위별로 기재해두었다.

소화기 종양	152쪽
난소 종양	166쪽
유선 종양	168쪽
정소 종양	170쪽
뼈의 종양	202쪽
피부 종양	237쪽
구강 종양	262쪽

행동으로 표현하는 반려견의 감정

Q 개가 짖는 소리에 의미가 있나요?

A 저도 개발에 참여한 개 번역기 '바우링걸'이 이그노벨상을 수상해서 화제가 되었는데, 음향을 조사하면 개의 울음소리는 그때그때의 감정마다 파형이 달라집니다. 예를 들어 먹이를 받아서 기뻐할 때에는 일정한 파형이 돼요. 개는 울음소리로도 반려인에게 다양하게 호소하는 만큼 잘 관찰해서 대응해야겠죠.

Q 개도 웃을까요?

A 행동학적으로 다양한 해석이 있는데, 실제로 웃는다는 감정이 있는지 여부는 확실하게 알 수 없지만 간혹 웃는 듯한 개의 표정은 인간을 흉내 내는 것이라는 설이 있습니다. 또 비굴하게 상대에게 복종할 때도 입 끝을 뒤로 당겨 이를 조금 드러내고 마치 웃는 듯한 표정이 되는 경우가 있죠.

Q 개의 표정에 대해 알려주세요!

A 얼굴 중에서도 눈의 움직임 등은 사람과 닮은 점이 있는데 예를 들어 뭔가를 원할 때에는 상대를 지그시 바라보고, 불안함을 느끼면 눈을 슬쩍 피합니다. 하지만 사람은 귀가 움직이지 않으니 알기 힘들겠네요. 똑같이 귀를 덮고 있어도 편안한 상태일 때와 그렇지 않고 복종의 마음을 나타내는 경우가 있어요. 개는 얼굴만이 아니라 온몸으로 감정을 표현하기 때문에 온몸의 몸짓을 보고 판단해야 합니다.

Q 꼬리도 감정을 나타내나요?

A 공격적인 자세를 취할 때에는 꼬리를 높이 들기도 하고 겁먹었을 때에는 다리 사이에 넣고 문자 그대로 꼬리를 말아요. 또 기쁠 때에는 매우 빠른 속도로 흔드는데, 마음속에 갈등이 있을 때에도 꼬리를 흔든다고 하는 행동학자도 있습니다. 예를 들어 개가 산책 도중에 다른 개를 만나서 경계해야 할지 다가가야 할지 고민할 때에는 몸을 움직이지 않고 꼬리만 흔들어요. 꼬리를 흔드는 게 단순히 기분이 좋을 때만은 아닌 거죠. 이렇게 다양한 개의 행동을 잘 알게 된다면 개를 키우는 재미가 더욱 커질 것입니다.

chapter

계절과 연령에 따른

반려견의 건강 관리와 케어

계절에 따른 건강 관리

사람이 사계절에 맞춰 옷이나 실내 환경을 바꾸듯이 개에게도 계절에 맞는 건강 관리 방법이 있다.

'봄'에는 기온차, 벼룩, 진드기 대책을 신경 써야 한다

기온변화에 주의

초봄은 따뜻한가 싶다가도 갑자기 추위가 밀어닥치는 기온 변화가 심한 시기이다. 개는 불안정한 기후나 온도 변화에 약하므로 이 계절에는 감기에 걸리지 않도록 주의해야 한다. 체력에 없는 새끼나 고령견은 특히 신경 써야 한다.

빗질로 청결함 유지

겨울털에서 여름털로 털갈이를 하는 시기이므로 꼼꼼한 빗질로 죽은 털을 말끔하게 빗어낸다. 온몸이 불결하면 피부병의 원인이 되기도 하는데, 빗질을 해주면 청결한 피부를 유지할 수 있다. 벼룩, 진드기 등의 기생충은 발견 즉시 구제한다.

☑ 봄의 건강 관리·체크 포인트

- ☐ 봄은 털갈이 시기이다. 꼼꼼한 빗질로 청결하게.
- ☐ 기생충에 감염되기 쉬운 계절이다. 빗질로 조기발견.
- ☐ 온도차가 심하므로 감기에 걸리지 않도록 주의.
- ☐ 잊지 말고 광견병 예방접종(4월과 10월)을 한다.
- ☐ 늦어도 5월부터 심장사상충 예방약을 먹인다.
- ☐ 장마에 접어들기 전에 하우스를 대청소한다.

‘여름’에는 더위, 장마의 습기대책을

개는 추위보다 더위에 약하다

견종에 따라 차이가 있지만 대부분의 개는 더위에 약하고 햇볕이 내리쬐는 한낮에 움직이는 것은 부담이 된다. 산책은 아침저녁의 서늘한 시간대에 끝내고 실내의 온도관리에 신경 쓴다. 부재중일 때에는 에어컨 등으로 실내온도를 28℃ 전후로 설정하고 바깥바람이 들어오도록 창문을 살짝 열어두는 것이 좋다. 실외견은 하우스를 통풍이 잘 되는 그늘로 이동시키는 등 더위 대책을 세운다.

위생관리를 철저하게

세균이나 곰팡이가 쉽게 발생하는 것도 여름에 특히 주의해야 할 점이다. 음식물도 썩기 쉬운데, 특히 끈적거리는 장마철에는 평소보다 위생관리를 더욱 철저히 해야 한다. 날것은 주지 않도록 하고 먹고 남았거나 흘린 음식물은 바로 치운다. 방치된 음식물을 먹고 설사나 구토, 식중독을 일으킬 수도 있다. 또 급수는 항상 청결한 것을 준비하고 자주 교환해준다.

☑ 여름의 건강 관리·체크 포인트

- □ 일사병 · 열사병에 주의. 서늘하고 통풍이 잘되는 환경을.
- □ 냉방이 너무 강하지 않도록 주의.
- □ 벼룩 · 진드기가 발생하면 철저하게 구제.
- □ 산책은 이른 아침이나 서늘한 밤 시간에.
- □ 식중독에 주의. 식기는 청결하게 관리. 남은 음식물은 바로 버린다.
- □ 심장사상충 감염원인 모기에 주의. 월 1회 예방약을.

'가을'에는 체중관리에 신경 쓴다

더위를 탔다면 무리하게 하지 않는다

더운 여름에 체력이 소진되어 쇠약해지는 바람에 질병에 걸리기도 한다. 특히 체력이 없는 개나 고령견에게 많은 만큼 스트레스가 쌓이지 않도록 배려해준다.

체중관리와 체력회복

서늘해지면 서서히 식욕이 회복된다. 하지만 처음에는 소화능력이 완전히 회복되지 않기 때문에 다량으로 주면 구토나 설사를 일으킬 수도 있다. 한동안 소화가 잘되고 영양밸런스가 좋은 것을 급여하고 상태를 지켜본다. 개가 원하는 대로 식사를 주다 보면 비만이 되기 쉬우므로 주의가 필요하다. 식욕이 회복되는 것을 본 후 여름에 소모되었던 체력도 회복시킨다. 조금씩 운동량을 늘려 겨울에 대비한다.

늦가을이 되면 추위가 심해지고 바이러스성 호흡기 감염증 등이 많아진다. 일찌감치 방한대책을 시작한다. 털갈이 시기이므로 봄과 마찬가지로 빗질과 피모손질에 신경 쓴다.

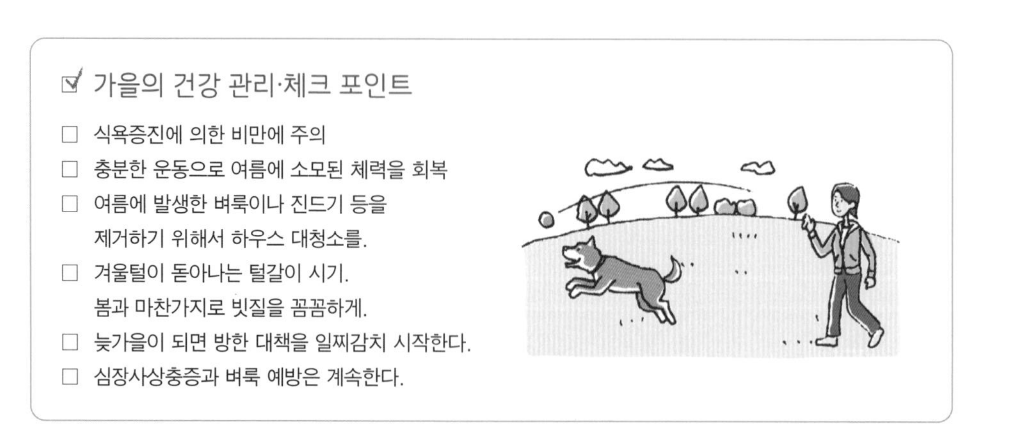
가을의 건강 관리·체크 포인트

- ☐ 식욕증진에 의한 비만에 주의
- ☐ 충분한 운동으로 여름에 소모된 체력을 회복
- ☐ 여름에 발생한 벼룩이나 진드기 등을 제거하기 위해서 하우스 대청소를.
- ☐ 겨울털이 돋아나는 털갈이 시기. 봄과 마찬가지로 빗질을 꼼꼼하게.
- ☐ 늦가을이 되면 방한 대책을 일찌감치 시작한다.
- ☐ 심장사상충증과 벼룩 예방은 계속한다.

'겨울'에는 감기, 난방기구 사고에 주의

엄동기에는 가능한 실내에

개는 비교적 추위에 강한 편이지만 기침, 콧물 등의 감기 증상이나 심장병 악화 등이 매우 많이 발생하는 시기이다. 실외견의 경우에는 하우스를 해가 잘 드는 곳으로 이동시키고, 잠자리에 담요를 깔아주거나 테이프로 외풍을 막는 등 신경을 쓴다. 실내견은 난방을 끄면 밤에는 상당히 추워지기 때문에 보온성이 있는 매트나 담요를 보충해준다. 장모종은 더워하므로 난방을 너무 하지 않도록 신경 쓴다. 새끼나 고령견은 저항력이 약하므로 특히 주의가 필요하다. 실외견도 엄동기만큼은 실내로 들여놓을 것을 권한다.

화상이나 감전방지에 신경 쓴다

겨울은 전기담요 등 보온 용품 코드를 깨물다가 감전당하거나 히터에 닿아 화상을 입는 등의 사고도 많은 계절이다. 특히 호기심이 왕성한 새끼가 있는 집은 충분히 주의한다. 코드를 정리해서 엉키지 않도록 고정하거나 펜스를 설치하는 등 사고방지에 힘쓴다.

☑ 겨울의 건강 관리·체크 포인트

- □ 담요나 보온매트 등으로 개가 지내는 곳을 따뜻하게 한다.
- □ 특히 추운 날이나 한랭지에서는 실외에서 키우는 개도 실내로.
- □ 전자제품에 의한 감전이나 화상에 주의.
- □ 기침, 콧물 등의 감기, 심장병 등의 악화에 주의.
- □ 감기에 걸리지 않도록 목욕 후에는 잘 말린다.
- □ 운동부족이 되지 않도록 최대한 산책을 나간다.

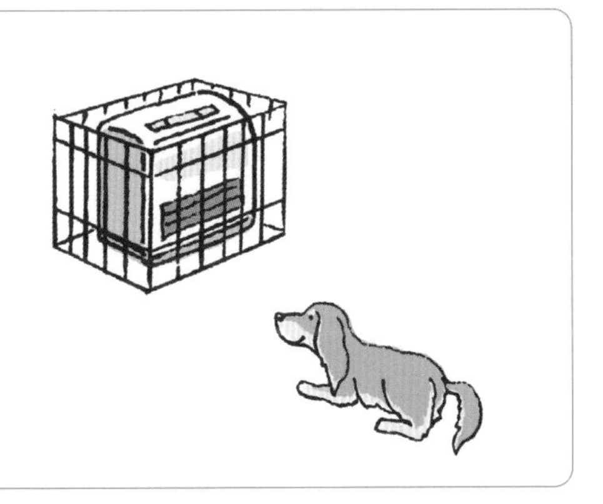

새로운 환경에 빨리 적응시키자

유견의 건강 관리와 케어

몸과 마음이 성장하는 중요한 시기. 새로운 가족의 건강한 성장을 위해서 반려인이 해야 할 일은 확인해두자.

반드시 등록을

생후 90일 이상인 개를 기르기 시작했다면 키우는 지역의 시 · 군 · 구청에 반려 동물 등록을 하는 것이 반려인의 의무이다. 내장형 무선식별 장치는 4만 원, 외장형 등록인식표는 대략 2만 원이다. 평생 유효하며, 등록이 완료되면 반려 동물등록증이 교부된다.

기생충 체크

태반감염이나 경유감염에 의해 기생충에 감염되는 경우가 있다. 펫샵이나 브리더가 반드시 구충을 했다고 확신할 수 없으므로 길에서 구조했거나 누군가에게서 얻은 개의 경우와 마찬가지로 수의사에게 검변을 받는다.

환경 정돈

실외에서 키우는 경우에도 생후 4개월경까지는 실내에서 키운다. 반려견을 위한 잠자리를 준비하고, 겨울에는 담요나 보온매트 등을 이용해 체온조절을 도와준다. 삼키면 위험한 물건도 정리한다. 항상 사람이 있다는 안도감을 주는 것도 중요하다.

예방접종

생후 3개월이 지나면 법률로 의무화되어 있는 광견병 예방접종을 반드시 맞혀야 한다. 생후 2개월과 3개월경에는 백신접종을 맞힌다. 감염되면 생명이 위험한 질병 몇 가지를 예방할 수 있다. 접종이 끝날 때까지는 다른 개와의 접촉을 피한다.

사회화기에는 주변에 익숙해지게

생후 2개월~6개월 정도의 시기를 '사회화기'라고 한다. 주변 환경에 강한 호기심을 가지며, 적응력도 높은 이 시기에 밖으로 데리고 나가 다른 사람이나 개, 소리 등에 익숙해지게 하는 것이 좋다. 훈련을 철저하게 시키는 데에도 좋은 시기이다.

훈련은 칭찬부터

기억력이 좋은 사회화기에 기본적인 훈련을! 우선 화장실부터 한다. 대소변을 보려는 타이밍에 화장실로 데려가고, 화장실에서 볼일을 보면 과장되게 칭찬해주면 기억한다.

한창 자랄 때는 쾌적하게

생후 6개월 정도까지의 자견에게는 반려인이 해줘야 할 일들이 매우 많다. 먼저 새로운 환경에 적응시켜주는 것이 중요하다. 항상 딱 달라붙어 있는 것도 좋지 않지만, 사람이 있다는 기척을 느끼게 함으로써 안심할 수 있는 환경을 조성해준다. 또 적응력이 높고 호기심이 있는 이 시기(사회화기)에 기본적인 훈련을 마치는 것이 좋다. 이때 개에게 주종관계를 확실히 이해시키면 성견이 된 후에도 편하다.

산책을 시작하는 것도 좋은 시기이다. 백신접종을 마쳤으면 밖으로 나가 다른 사람이나 개, 소리나 물건 등에 익숙해지게 만든다. 산책 후에는 빗질을 통해 어디를 만져도 싫어하지 않는 아이가 되도록 스킨십을 한다.

성장 상태는 자주 체크

식사량은 도그푸드의 패키지에 표시된 양을 지키는 것이 기본인데, 성장이 빠른 새끼 시기에는 부지런히 식사량의 과부족을 확인하는 것이 좋다. 변 상태로 판단하는 방법이나 몸을 만져보고 감촉으로 판단하는 방법 등이 있다. 성장 상태에는 다소의 개체차가 있으므로 잘 보고 만져서 판단하는 것도 중요하다.

식사량과 변으로 판단하는 경우

만져서 판단하는 경우

배 주변을 만졌을 때 뼈의 감촉이 있는지로 판단. 울퉁불퉁한 감촉이 전혀 없는 것도 좋지 않다.

적량 한 번에 먹고 남기지 않는 양. 변은 마디가 있고 수분은 조금.

부족 다 먹고도 식기를 계속 핥는다. 변을 보기 힘들어 한다

과다 항상 먹고 남긴다. 변은 물기가 많고 횟수가 많다.

자견이 잘 걸리는 · 잘 발견되는 질병

- 홍역(205쪽)
- 파보바이러스 감염증(207쪽)
- 코로나바이러스 감염증(210쪽)
- 고관절 형성부전(197쪽)
- 레그 페르테스병(198쪽)
- 아토피성 피부염(223쪽)
- 동맥관 개존증(117쪽)
- 폐동맥 협착증(118쪽) 등

노화의 시작은 7세 전후부터

노령견의 건강 관리와 케어

건강했던 시절과 똑같은 식사나 운동을 시키고 있지는 않은지?
고령견과 살기 위한 중요한 포인트를 확인해보자.

노화의 신호와 대처 방법

피모의 윤기·색깔 변화

- 털의 윤기가 나빠진다
- 털이 빠진다, 옅어진다
- 흰털, 누런빛이 난다

빗질로 혈행을 촉진

노화에 의해 피모가 빠지는 것은 자연스러운 일이다. 부드럽게 빗질을 해서 혈행을 촉진한다. 질병에 의한 경우도 있으니 이상하다고 판단되면 수의사에게 상담한다.

피부의 변화

- 탄력이 없어진다
- 패드가 팍팍해진다
- 나른해진다

멍울이 없는지 확인

피부에 탄력이 없어지고 단단하게 조이던 근육이 사라지는 것도 자연스러운 일이다. 주의할 점은 멍울의 유무이다. 피부암 등의 가능성이 있으므로 멍울을 발견하면 일찌감치 병원으로.

움직임의 변화

- 천천히 걷는다
- 다리를 감싸듯이 걷는다
- 계단을 싫어한다
- 잠만 자고 움직이려 하지 않는다

관절이나 뼈의 질병일 가능성도

근육이나 뼈, 관절 등이 쇠약해지고 움직이는 것이 귀찮아지는 것은 어쩔 수 없는 일이다. 단 관절이나 뼈의 이상으로 인한 통증 때문에 가만히 있는 경우도 생각해볼 수 있다. 상태를 살펴보고 수의사에게 상담한다.

시력의 변화

- 어둑한 곳에서 돌아다니지 않게 된다
- 여기저기 부딪치면서 걷는다
- 단차를 오르내릴 때 넘어진다

백내장의 우려가

노견이 많이 걸리는 백내장일 가능성이 없는지 확인한다. 눈의 수정체가 흐려져 시력에 영향을 미치는 질병이다. 검은자가 뿌옇게 되거나 시력저하가 의심되는 행동을 보이면 동물병원으로

식사 중에 깨닫는 변화

- 건강하고 식욕이 있는데도 식사를 남긴다
- 먹는 양이 줄어든다
- 딱딱한 것을 먹지 못한다
- 이빨이 흔들린다

미각 변화에 대응한다
노화에 의해 음식에 대한 관심 자체가 사라지거나 취각이나 미각이 쇠약해져 맛의 취향이 변했을 가능성이 있다. 소화가 잘 되는 고령견 전용 푸드를 준다. 갑자기 체중이 줄었을 때에는 동물병원으로

치주 질환에 신경 쓴다
이빨이 약하면 딱딱한 것을 씹지 못하게 된다. 부드러운 것만 먹다 보면 치석이나 치구가 끼기 쉬우므로 정기적으로 치과검진을 한다. 치주 질환이 원인인 경우도 있으므로 구취를 확인한다.

행동으로 느끼는 변화

- 명령에 따르지 않고 반응성이 느리다
- 제멋대로 행동한다

청력저하가 영향
반려인 입장에서 보면 반항적으로 느껴지는 행동도 나이를 먹으면 청력이나 시력 저하가 원인일 수 있다. 명령은 이해하지만 몸이 말을 듣지 않는 경우도 있다고 이해하자.

- 화장실이 없는 곳에서 대소변을 본다
- 화장실 시트에서 변이 삐져나온다

화장실 장소를 배려
노화 때문에 화장실에 가는 시기를 놓치는 경우도 있다. 훈련된 내용을 못하는 것과는 경우가 다르므로 심하게 야단치지 말고 화장실을 잠자리 근처로 옮겨주는 등의 배려를 한다.

청력의 변화

- 소리가 나는데 반응이 느리다
- 불러도 반응하지 않는다

큰소리로 부르는 것은 금물
개는 청각이 발달되어 있지만 나이를 먹으면 청력도 저하된다. 큰소리를 내는 것은 야단을 맞고 있다고 착각하기 때문에 역효과이다. 부드러운 목소리를 명심하자.

노화에 대처하는 방법

개의 노화는 일반적으로 7세부터 시작한다고 한다. 사람으로 치면 45세 전후이니 조금 빠른 듯 느껴질 수도 있다. 단 개체차가 있으므로 10세를 넘어도 젊은 개도 있는가 하면 6세부터 노화가 시작되는 개도 있다. 일반적으로 대형견이 노화가 빠른 경향이 있다. 중요한 것은 반려견이 보내는 신호를 반려인이 놓치지 않는 것이다. 노화의 신호가 보인다면 동물병원에서 검사를 받고 고령견이 쾌적한 생활을 할 수 있도록 환경을 정돈해준다.

지금까지보다 반응이 둔해지거나 움직임이 느려진다고 해도 큰 소리로 야단치지 말고 다정하게 돌보는 것이 좋다. 노화에 의해 청력이나 시력이 약해지고 '반려인의 목소리는 들리는데 모습을 인식할 수 없는' 개 자신도 몸에 일어난 변화에 당황하고 있다는 것을 이해해야 한다.

노령견이 걸리기 쉬운 질병

백내장(247쪽)

눈의 수정체가 흐려져 시력이 저하되는데 더 진행되면 실명하는 경우도 있다. 여기저기 부딪치거나 움직이는 것에 대한 반응이 둔해진다.

자궁축농증(163쪽)

자궁에 염증이 생겨 고름이 차는 질병이다. 5세 이상의 암컷에게 많으며 생명을 앗아갈 수도 있는 중대한 질병이다.

당뇨병(187쪽)

당뇨에 걸리는 개의 대부분이 6세 이상이다. 물을 많이 마시게 되고 먹어도 마르는 것 같다면 위험신호이다.

치주 질환(256쪽)

이빨 주변에 일어나는 질병이다. 밥 먹기를 힘들어 하거나 구취가 심하다면 빨리 치과검진을 받는다.

승모판 폐쇄부전(112쪽)

소형 고령견의 사인 중 탑을 치지하는 심장병 중 하나이다. 심장에 있는 2장의 승모판이 변형되어 심기능을 저하시킨다.

암(악성 종양)(186쪽)

의료의 발달로 개가 장수하면서 최근 암 발생률도 증가하고 있다. 개의 경우 종양은 체표에 생기는 경우도 많으므로 자주 체크한다.

유선 종양(168쪽)

악성은 소위 유방암. 연령이 높아질수록 위험률도 높아진다. 복부나 유방 주위에 멍울이 없는지 확인.

심근증(114쪽)

심장 근육이 정상적으로 기능하지 않게 되어 일어나는 질병이다. 대형견에게서 많이 발견되고, 고령이 될수록 발병률이 높아진다.

회음 헤르니아(151쪽)

나이를 먹어 근력이 약해지면서 항문 주변의 근육 틈새로 직장 등이 튀어나오는 질병이다. 수컷에게 많이 발견된다.

만성 신부전(155쪽)

신장의 기능이 저하되면 식욕도 기운도 없어진다. 요독증이나 경련 등을 병발하는 경우도 있으며, 위험한 질병이다.

관절염(200쪽)

관절 연골이 닳아서 파괴되고 뼈 사이가 맞닿음으로써 통증을 일으킨다. 나이를 먹거나 비만이 원인 중 하나이다.

치매

12세 전후부터 발견되는 경우가 있다. 밤에 울거나 밥을 먹었는데 달라고 조르기도 하고 방안을 우왕좌왕 배회하는 등의 증상이 나타나면 주의한다.

개와 사람의 연령환산표(기준)

개의 나이	사람의 나이로 환산		
	소형견	중형견	대형견
1세	15	20	12
2세	24	24	19
3세	28	28	28
5세	36	36	40
7세	44	44	54
10세	56	56	75
12세	64	64	89
15세	76	76	110

노령견의 기준

- 소형 견종(체중 9kg 이하) 9~13세
- 중형 견종(체중 9~22kg) 7~11.5세
- 대형 견종(체중 22~40kg) 7.5~10.5세
- 초대형 견종(체중 40kg 이상) 6~9세

연 2회는 건강검진을

노화가 시작되면 다양한 질병의 발병률도 높아진다. 6개월에 한 번은 건강검진을 받게 하고 지금까지 해온 것보다 건강에 더 신경 써야 한다.

노령견 특유의 질병에 주의

수의학의 발달과 반려인들의 의식 변화, 식료품의 질적 향상 등으로 개의 수명은 최근 급격히 증가해 15세를 넘기는 개도 드물지 않다.

개의 수명이 늘어나는 한편으로 고령견 특유의 질병도 눈에 띄게 증가했다. 예전부터 있었던 질병이 없어진 것은 아닌데, 증상이 나타나기 이전에 수명을 넘어서려고 한다고도 표현한다. 이런 질병은 수술로 완치할 수도 있지만 대부분 만성적인 것으로, 대체로 약이나 식사요법으로 진행을 늦추는 치료를 하게 된다. 지병이 있다고 해도 반려인의 케어에 따라 장수하는 개가 많다. 지금까지 해온 이상으로 애정을 담아 반려견을 대하는 것이 중요하다.

기능저하에 민감하게 대처한다

사람과 마찬가지로 개도 나이를 먹으면서 눈이나 귀 등의 감각기능 저하, 위장 등의 소화기능 저하, 감염에 대한 저항력 저하, 뼈의 노화 등이 발견된다. 체력이 약해졌으니 어쩔 수 없는 부분도 있지만 이런 증상에서 질병 의심 신호를 발견하는 것은 반려인의 몫이다.

한 가지 질병이 생기면 다른 질병도 병발하기 쉽다는 점을 기억해두자. 예를 들어 식욕이 있는데 운동량이 감소하면 비만이 되고, 그러다 보면 심장병이나 당뇨병이 야기되는 경우가 있다. 또 사소한 일로도 쉽게 골절되기 때문에 부상이나 사고에도 주의해야 한다. 건강검진으로 수의사에게 상담하고 조언을 얻으면서 생활환경을 바꾸는 것이 중요하다.

노령견 케어 10가지 수칙

❶ 단차를 없앤다

다리가 약한 고령견에게는 작은 단차도 부담이 된다. 오르내리기 쉬운 단차를 만들어준다.

❷ 미끄럼 방지를

마룻바닥은 미끄러지기 쉬워서 다리와 허리에 가해지는 부담이 크므로 카펫을 깔아서 미끄러지지 않도록 배려한다.

❸ 하우스는 실내에

감염에 대한 기능이 저하되어 컨디션이 무너지기 쉬우므로 노화가 보인다면 실내에서 키우는 것이 좋다.

❹ 잠자리는 쿠션이 좋은 것으로

매트나 타월 등으로 두툼하게 만들어 몸이 아프지 않도록 해준다. 잠만 자는 개의 경우 화장실시트를 사이에 깔아준다.

❺ 산책을 싫어한다면 억지로 시키지 않는다

관절에 통증이 있어서 움직이기 싫어하는 것일 수도 있다. 싫어하게 되었다면 억지로 끌고 나가지 않는다 .

❻ 바닥의 장애물을 줄인다

시력이 저하되면 소리와 감각에 의지하며 걷게 된다. 부딪치거나 부상의 원인이 되는 것을 치운다.

❼ 자주 말을 걸어준다

감각기능의 저하는 불안을 야기한다. 반려인의 존재를 알려주고 다정하게 말을 걸어주자. 큰 소리는 금물이다.

❽ 식기는 상 위에

서서 편하게 밥을 먹을 수 있도록 식기와 물을 조금 높은 상 위에 놓아준다.

❾ 기생충 체크는 자주

저항력이 떨어지는 몸으로 기생충에 감염되면 심각한 증상을 일으킬 수 있다. 자주 체크한다.

❿ 바깥 공기를 쐬어 준다

산책을 싫어하는 경우에는 캐리어바구니나 개 전용 카트에 실어 바깥 공기를 쐬어주는 것만으로도 기분전환이 된다.

세심한 배려가 중요

개는 사람보다 빨리 나이가 드는 만큼 불과 얼마 전까지만 해도 어린아이 같았던 개가 늙어버린 현실에 어떻게 대처해야 할지 당황스러울 것이다. 그럴 때에는 사람의 입장에서 개를 보면 어떻게 배려해야 할지 쉽게 알 수 있을 것이다. 노화가 일어나는 기능저하는 인간과 거의 다를 바가 없다. 위험하다고 해서 집안에 가둬두지만 말고 가능한 밖으로 데리고 나가 기분전환을 시켜주는 것도 잊어서는 안 된다.

노령견을 간호하는 방법

식사 케어

위장기능이 저하되면 구토 등의 증상이 나타나기도 한다. 소화흡수가 잘 되는 식사를 제공하고, 개에게 맞는 상태의 사료를 조금씩 급여한다.

밥을 먹을 수 있는 경우에는 수저로 한입씩 입에 넣어준다. 치주 질환 예방을 위해서 식후에는 양치질을 한다.

음식물이 목구멍으로 넘어가지 않아도 빠뜨릴 수 없는 것이 물이다. 물약을 먹이는 요령으로 스포이트를 사용해 먹여준다.

보행 케어

스스로 걸을 수 있고 걸으려 하는 의지는 있지만 다리가 휘청거린다면 간호용 하네스를 사용하는 것이 편리하다. 앞다리용과 뒷다리용이 있으므로 개의 상태에 맞춰 선택한다.

몸을 청결하게 유지한다

목욕을 자주 할 수 없게 되었다면 뜨거운 물에 적신 수건으로 몸을 닦아준다. 엉덩이 주변은 특히 청결하게 한다.

잠자리 환경

가족의 존재를 항상 인식할 수 있는 조용한 장소가 가장 좋다. 담요나 목욕수건 등을 두툼하게 깔아 따뜻하게 해준다.

화장실 연구

실수를 저지르는 횟수가 증가했다면 화장실을 잠자리 근처에 놓는 등 개가 배설하기 쉽도록 신경 써준다. 스스로 화장실에 갈 수 없게 되었다면 종이기저귀를 사용하는 방법도 있다.

가족의 도움도 꼭 필요

반려견이 점점 잠만 자게 될 때 시중을 드는 것은 매우 중요한데 무엇이든 최대한 해주고 싶을 것이다. 최근에는 노견의 간호용품도 많이 판매되고 있기 때문에 필요한 범위에서 구입하면 편리하다. 하지만 간호에서 가장 중요한 것은 반려인의 헌신적인 애정일 것이다.

잠만 자게 되면 걱정되는 것은 욕창이다. 계속 같은 자세로 자게 되면 혈액순환이 나빠져 바닥에 닿는 피부가 까지게 된다. 심해지면 물집이 생기거나 통증을 동반하는 상처가 되므로 몇 시간 간격으로 자세를 바꿔주도록 한다. 뼈가 바닥에 닿기 쉬운 곳에는 작은 쿠션이나 둥글게 말은 수건을 깔아주는 것도 효과적이다.

건강한 새끼를 낳을 수 있는 환경을 만들어주자

번식시키는 방법과 임신·출산

번식을 원한다면 출산까지 매끄럽게 진행시키기 위한 예비지식이 필요하다.
상황이 닥쳤을 때 당황하지 않기 위한 번식의 기본을 알아두자.

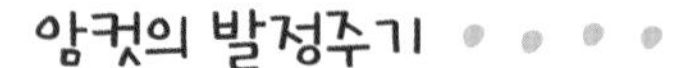

암컷의 발정주기

발정 전기(약 6~10일간)

발정출혈 개시일부터 수컷에게 교미를 허용하는 전날까지

난자가 자라기 시작하고 외음부가 부풀어 올라 출혈(발정출혈)이 시작된다. 이때 소변에 섞여 있는 페로몬의 영향으로 수컷이 발정한다고 알려져 있는데, 아직 받아들이는 단계는 아니다.

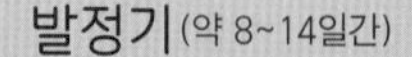

발정기(약 8~14일간)

수컷에게 교미를 허용하는 기간

출혈이 끝나 연한 핑크색의 월경이 되면서부터 배란이 시작된다. 외음부의 붓기가 가라앉는 타이밍에 교미를 하면 임신할 확률이 높다.

발정 후기(약 2~3개월간)

수컷에게 교미를 허용하지 않았던 날부터 발정 징후가 사라질 때까지의 기간

평균 60일 전후인데, 간혹 100일 이상 계속되는 개도 있다. 수정했을 경우에는 임신하지만 실제로 임신하지 않았는데도 유선이 발달하는 등 임신 징후를 보이는 경우가 있다 (285쪽 상상임신 참조).

발정 휴지기(약 3~6개월)

다음 발정 전기까지의 기간

암컷의 난소에서 작은 난포가 다수 만들어지고 그중 몇 개가 조금씩 발달하여 다음 발정출혈을 대비한다. 발정휴지기는 개에게서만 볼 수 있는데, 가장 안정된 시기라고 할 수 있다.

암컷의 성주기를 알아보자

번식을 고려하고 있다면 암컷의 성주기를 파악해둘 필요가 있다. 암컷의 첫 발정은 소형견의 경우에는 생후 7~10개월, 중 · 대형견의 경우에는 8~12개월경에 시작된다. 발정이 보인다면 교배 · 출산이 가능해졌다는 신호이다. 하지만 이 시기는 아직 골격이 완전히 발달하지 않았고 정신적으로도 아직 미숙하기 때문에 첫 발정 때에는 교배시키지 않는 것이 좋다. 중 · 소형견의 경우 1세 이상, 대형견은 2세 이상을 기준으로 잡는 것이 좋다.

배란 타이밍은?

발정출혈에서 약 10일 후에 배란이 있고, 출혈한 날부터 12일째 정도가 가장 교배에 적당한 시기라고 하는데, 발정전기의 며칠은 개체차가 있으므로 절대적이라고는 할 수 없다. 좀처럼 임신하지 않는 경우에는 질 세포를 검사하여 발정주기를 파악하는 검사도 있으므로 받아본다.

교배 전 준비사항

▸ **수컷의 반려인과 사전에 결정지을 일**

- 교배 비용.
- 새끼를 나눌 의사가 있는지.
- 임신하지 않았을 경우 교배비용이 다시 발생하는지.
- 교배에 입회할 수 있는지.
- 예측 불가능한 사태에 대한 대처법.
- 수컷 반려인의 요구.

▸ **건강진단, 검변, 장내 기생충의 구충**

▸ **벼룩 · 진드기의 구충**(피모 손질)

▸ **장모종은 항문 주변의 털 제거**

column 개의 상상임신

배란 후의 황체가 임신황체와 비슷할 정도로 호르몬을 분비하기 때문에 수정하지 않았는데도 임신 징후가 나타나는 것이다. 겉으로 봐서는 판단하기 어려우며 초음파나 엑스레이 검사로 판정한다.

교배 준비와 절차

교배 상대는 펫샵이나 브리더 등에게서 소개받는 것이 좋다. 상대를 고를 때에는 유전적 질환이 없는지 반드시 확인한다. 교배당일에는 절식시키고, 배변, 배뇨는 미리 끝내둔다. 암컷이 릴렉스하기를 기다렸다가 실시한다. 성공하면 수컷 쪽에게서 교배증명서를 받아둔다.

임신 중 몸의 변화나 주의사항

수정 → 수정란이 자궁에 착상 → 출산

	모체의 변화	주의사항
임신 전기 (1~3주)	교배에서 3주째 전후로 구토, 식욕저하 등의 입덧 증상이 나타나는 경우가 있다. 2~3일이 지나도 회복될 기미가 보이지 않는 경우에는 수의사에게 상담한다.	• 식사는 평소 먹던 양으로, 단백질을 많이 급여한다. • 수정란이 자궁에 착상되기 전의 불안정한 시기이므로 입욕이나 무리한 운동(단 산책은 평소대로)은 삼간다.
임신 중기 (4~6주)	교배한 지 1개월 정도 지나면 조금씩 배가 당기고 체중이 증가한다. 동작이 느려지고 성격에 변화가 나타기도 한다. 소변 횟수가 늘거나 변비가 생기기도 한다.	• 안정기에 들어서는 임신 5주째 정도에 목욕을 시킨다. • 6주째 정도부터 고칼로리의 임신용 푸드로 바꿔주는 것이 좋다. • 칼슘은 많이(새끼의 골격 형성과 모견의 건강 유지를 위해서). • 운동은 적당히.
임신 후기 (7~9주)	배가 꽤 부풀어 오르고 만지면 태아의 움직임을 느낄 수 있는 경우도 있다. 유선이 팽팽해지고 출산 전에 젖이 나오기도 한다. 안정을 잃고 굴을 파는 듯한 동작을 시작하고, 출산 2~3일 전에는 체온이 37℃ 이하까지 내려갔다가 출산 몇 시간 전에 평열(38~38.5℃)로 돌아온다.	• 식사량을 30% 정도 늘린다. 영양가가 높은 것을 먹인다. • 운동은 가능한 범위에서 적당히(난산을 예방하기 위해서도). 단 높은 곳을 오르내리게 하지 않는다. • 출산상자를 준비한다.

출산일이 다가오면

- 검진을 받고 태아의 수 확인.
- 장모종은 털을 민다.
- 모견의 체온을 아침저녁으로 잰다.

출산상자를 준비한다

주의사항

출산상자는 생후의 육아 장소이기도 하므로 새끼가 기어나가지 못하는 높이로 여유롭게 수유할 수 있는 공간을 만들어야 한다.

만드는 방법

박스 등을 이용한다. 방수를 위해 펫시트나 비닐을 깔고, 그 위에 담요나 수건, 시트 등을 깔아준다. 잘게 자른 신문지를 넣어주면 오염된 것만 교환해주면 되므로 편하다. 출산상자는 20~25℃의 온도를 유지하도록 한다.

설치장소

사람의 출입이 많은 곳이나 체온변화가 심한 장소는 피하고 평소 개가 평온하게 느끼는 곳 등에 설치한다. 방구석 등 조용하고 안정된 장소를 선택하는 좋다.

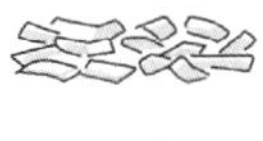

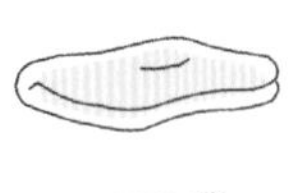

출산에 필요한 도구

- 체온계
- 수건
- 저울
  (새끼의 체중을 재기 위해서. 부엌용도 OK)

- 가위(탯줄이나 실을 자르기 위해서)
- 소독용 에탄올(사용도구의 소독을 위해서)
- 티슈
- 거즈 천
- 세면기
- 실(탯줄을 묶기 위해서)
- 신문지(더러워지면 갈아줘야 하므로 많이)
- 쓰레기봉투
- 필기도구
  (태어난 새끼의 데이터를 기록하기 위해서)

출산 징후

- 출산 며칠 전에 37℃ 이하까지 체온이 내려갔다가 출산 몇 시간 전에 평열(38~38.5℃)로 돌아온다.
- 우왕좌왕 안절부절못한다.
- 불안한 듯 어리광부리는 행동을 한다.
- 식욕이 없어진다(출산 당일은 아무것도 먹지 않기도 한다).
- 화장실에 가는 횟수가 늘거나 불규칙해진다.
- 무른 변을 보거나 설사를 하기도 한다.
- 호흡이 거칠고 빨라진다.
- 바닥이나 땅을 격렬하게 파거나 영소행동(둥지를 만드는 행동)을 보인다.

출산의 흐름과 간호 방법

1

손을 씻은 후 신생아를 감싸는 양막을 손가락으로 터뜨려 새끼를 꺼낸다.

2

새끼의 배에서 2㎝ 정도 되는 곳의 탯줄을 실로 묶고 그 끝을 가위로 잘라낸다.

3

새끼가 호흡을 하는지 확인하고, 확인이 되면 대야에 38℃ 정도의 따뜻한 물을 받아 몸의 지저분한 것을 닦아낸다.

4

몸의 물기를 수건으로 닦고 어미젖을 먹게 한다. 초유에는 다양한 질병에 대한 면역항체가 들어 있기 때문에 모유를 먹지 못한 아이가 없는지 반드시 체크한다.

임신의 징후와 출산 준비

개의 임신기간은 60일 전후로 이 기간을 전기 · 중기 · 후기로 나누어 관리하는 것이 일반적이다(앞 페이지 참조). 임진 징후는 교배 후 1개월이 지날 무렵부터 나타난다. 교배 후 3주째에 식욕감퇴나 구토 등의 입덧 증상이 나타나는 경우도 있지만 반드시 나타나는 것도 아니고 기간도 짧기 때문에 눈치채지 못하는 경우도 많다. 임신 후기에는 배가 부풀어 오르는 것이 두드러지고 유선이 팽팽해지거나 안절부절못하는 등의 변화를 보인다.

개가 구멍을 파는 듯한 행동을 보인다면 마침내 출산이 다가왔다는 신호이므로 출산상자나 필요한 도구를 준비한다. 출산일 며칠 전에는 동물병원에서 검진을 받고 이상 유무 등을 확인한다. 만약의 경우에 수의사도 대응하기 쉽다.

태아가 도중에 걸렸을 때

손에 거즈를 감은 후 태아를 잡고 어미가 배에 힘을 주는 타이밍에 맞춰 조금씩 돌리듯이 하면서 끌어 당겨 꺼낸다. 힘든 경우에는 수의사에게 전화해서 지시를 받는다.

양막과 태반의 처리

양막과 태반은 어미가 먹어서 처리하지만 너무 많이 먹으면 불결하므로 다산인 경우에는 2~3마리 분량만 먹게 하고 나머지는 잘 버린다.

새끼가 숨을 쉬지 않을 때

수건으로 몸을 비빈다, 양손으로 부드럽게 감싸고 호를 그리듯이 흔든다, 거꾸로 해서 등을 두드린다, 콧구멍에 막힌 점액을 입으로 빨아낸다 등의 대응을 한다.

출산 때와 출산 후의 대응

개는 양막을 찢고 탯줄을 자른 뒤 모유를 먹이는 것까지 보통 어미개가 혼자서 출산하는 것이 일반적이다. 따라서 스스로 출산할 수 있다면 반려인은 손을 대지 않고 곁에서 안심시키듯이 격려하는 것만으로 충분하다. 하지만 태아의 수가 많은 다산의 경우나 낳기는 했지만 신생아에게 관심을 보이지 않는 경우에는 사람의 간호가 필요하다.

새끼를 다 낳고 수유를 시작했다면 잠시 그대로 둔다.

새끼가 잠든 후에 어미를 출산상자 밖으로 꺼내어 몸을 깨끗이 닦아주고 화장실로 데려간다. 이때 출산상자의 더러워진 신문지를 교환해주는 것이 좋다.

모유가 나오는 동안에는 수분을 충분히 섭취하도록 하고 영양가가 높고 소화가 잘 되는 식사를 주도록 한다.

일찌감치 해주면 스트레스를 받지 않는 아이로

중성화 수술

중성화 수술에 대한 의견은 다양하지만 수술에 따른 장점과 단점을 충분히 검토하고 반려인도 반려견도 행복해질 수 있는 결론을 내리자.

중성화 수술의 장점과 단점

장점

수컷

- 성적 욕구가 없기 때문에 스트레스가 없다.
- 성격이 온순해지고 훈련하기가 쉽다.
- 전립선 질병, 정소나 항문 주변의 종양 등의 질병에 걸릴 확률이 줄어든다.
- 마킹을 거의 하지 않게 된다.

암컷

- 원하지 않는 임신을 피할 수 있다.
- 자궁 관련 질병이나 유방암에 걸릴 확률이 줄어든다(자궁을 적출하면 자궁축농증에 걸리지 않는다).

단점

수컷 · 암컷 모두

- 뒤늦게 번식시키고 싶어도 불가능하다.
- 쉽게 비만이 되는 경향이 있다.
- 행동이 다소 둔해진다.
- 극히 드물게 호르몬 결핍증인 피부병에 걸리기도 한다(효과적인 치료법이 있으므로 문제없다).

행복을 고려하여 결론 내리자

수술을 해서까지 피임을 시킬 필요성에 대해 반대 의견을 가진 사람도 있을 것이다. 하지만 키울 각오도 없이 새끼를 낳게 된다면 태어난 새끼도 반려인도 행복해질 수 없다. 번식을 바라지 않는다면 중성화 수술을 권한다. 중성화 수술이 단점만 있는 것은 아니다. 발정에서 오는 스트레스가 없기 때문에 반려견 입장에서도 좋을 수 있다. 가족 모두가 행복해질 수 있는 결론을 내리자.

수술 순서와 주의사항

1 수술 (최소) **일주일 전**

수술 신청은 수술일 일주일 이전에 동물병원에 예약한다. 필요에 따라 건강검진이나 백신접종을 맞는다.

2 수술 전날

전날 저녁에 밥을 먹였다면 수술 당일에는 아침부터 금식. 물은 마시게 해도 된다.

3 수술 당일

배변, 배뇨를 마친 후 병원으로. 암컷은 일반적으로 며칠 동안 입원을 해야 하는데 수컷은 약 하루면 집에 돌아올 수 있다.

4 수술한 지 열흘 전후

실밥을 풀기 위해서 병원으로. 실밥을 푼 후 일주일 동안 목욕은 삼가고, 상처를 핥지 않도록 주의시킨다. 산책은 다음날부터 해도 된다.

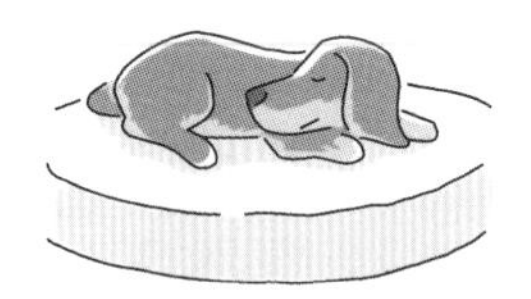

중성화 수술의 기초지식

시기 생후 6~7개월 이후

수술 방법

수컷	암컷
전신마취를 하고 좌우의 정소(고환)를 적출한다.	전신마취를 하고 개복하여 난소, 또는 난소와 자궁을 적출한다.

입원기간

수컷	암컷
입원은 필요 없다. 오전 중에 데려가면 저녁 무렵에는 데리고 올 수 있다.	1~2일. 병원에 따라 며칠씩 다르다.

비용 기준

수컷	암컷
10만 원 전후(대형견의 경우).	20~30만 원(입원비용은 별도).

* 검사에 따라 추가비용이 있을 수 있다.

수술을 하려면 빨리

수술은 첫 발정이 시작되기 전에 하는 것이 가장 좋다. 발정한 뒤에도 수술은 가능하지만 전신마취를 한 후에 하기 때문에 나이를 먹을수록 부담이 된다. 집에 새끼를 데리고 왔다면 일찌감치 방침을 정하는 것이 좋다. 또 발정 중에 수술을 하면 출혈이 심하기 때문에 피하는 것이 무난하다.

수술 자체는 그렇게 어렵지 않고, 전신마취이기 때문에 개도 아파하지 않는다. 암컷의 경우 1~2일 입원하고, 일주일 정도 운동을 삼가야 한다(산책은 OK). 수컷의 경우에는 오전 중에 수술을 받으면 저녁에는 집으로 돌아올 수 있다. 개에게 첫 수술이 중성화 수술인 경우도 있을 것이다. 수술 후에는 불안한 마음이 드는 만큼 곁에 있는 시간을 늘려주자.

응급처치의 기본지식

미리 익혀두어야 할 기본기술

보정

개가 버둥거려 처치하기 어려운 경우에는 보정이 필요하다. 병원에서 진찰을 받을 때에도 사용할 수 있으므로 배워두자.

- **몸의 보정**

개의 목과 동체를 밑에서부터 팔로 감고 개의 몸을 당긴다.

- **입의 보정**

코가 긴 견종

끈이나 붕대, 넥타이 등으로 개의 입 끝을 감고, 목을 통해 귀 뒤에서 매듭을 묶는다.

단두종

수건 등을 목에 감고 머리 뒤쪽에서 잡고 누른다.

부상견을 운반하는 방법

목욕수건이나 이불 등으로 삼각건을 만들어 개를 들어 올리는 방법, 이불이나 판자, 다리미판 등을 들것 대신으로 삼고 끈으로 개를 고정(판자의 경우)하는 방법 등이 있다. 판자에 실을 때에는 개를 들어 올리지 말고 미끄러뜨려 옮긴다.

지혈 방법

작은 상처이며 출혈이 적다면 자연스럽게 멎지만, 출혈량이 많고 내버려두면 멎지 않는 경우에는 지혈 처치를 해준다.

• 압박법

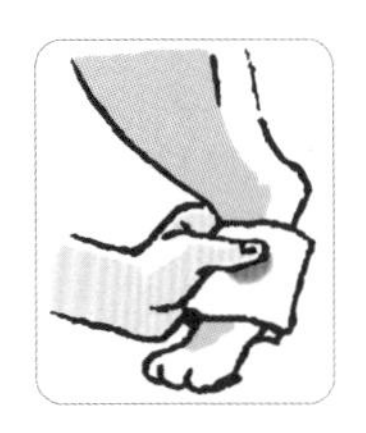

상처에 깨끗한 손수건이나 수건을 대고 세게 누르거나 환부에 거즈를 대고 힘껏 붕대를 감는다.

• 긴박법

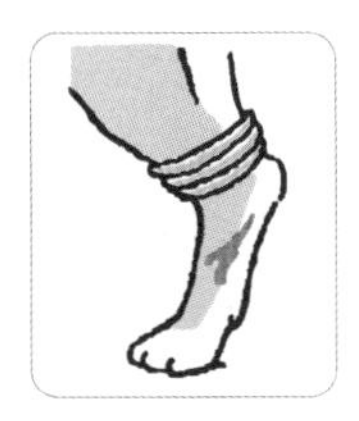

주로 다리에 이용하는 방법으로, 환부보다 심장에 가까운 쪽을 끈으로 묶어 지혈한다. 묶은 상태로 오랜 시간 방치하지 않도록 주의한다.

• 지압법

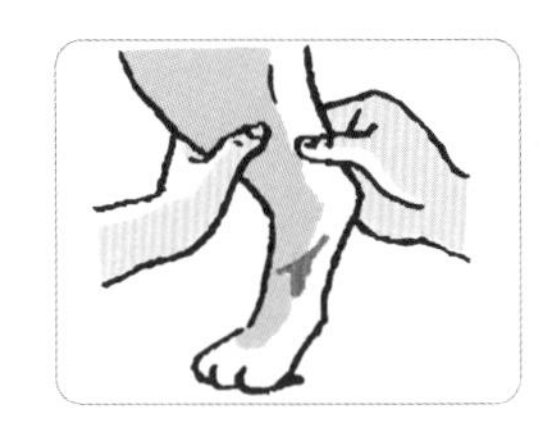

상처보다 심장에 가까운 쪽의 혈관을 손으로 눌러 압박하여 지압하는 방법이다.

인공호흡과 심장마사지

• 인공호흡

1 개를 옆으로 눕히고 심장이 뛰는지 확인한다.
2 입안을 깨끗이 하고 혀를 빼내어 공기가 기도로 들어가기 쉽게 한다.
3 개의 목을 내밀어 일자가 되게 하고 손을 둥글게 말아서 입을 틀어막은 상태로 코끝을 잡고 콧구멍에 크게 숨을 불어넣는다(개의 가슴이 부풀어 오르는지 확인하면서).
4 개에게서 입을 떼어 폐에서 자연스럽게 공기를 내뱉도록 한다.
5 3과 4를 5초 정도씩 번갈아 실시하고, 개가 스스로 호흡할 수 있을 때까지 계속한다.

※ 개를 옆으로 눕히고 주먹으로 흉부를 두드리는 방법도 있다.
※ 교통사고인 경우 인공호흡은 하지 않는다.

• 심장마사지

개를 옆으로 눕히고 기도를 확보한 상태(인공호흡의 2 참조)에서 개의 좌흉부(팔꿈치 뒤쪽)에 양 손바닥을 겹쳐서 올리고 1초에 1회의 리듬으로 압박한다. 10회 실시 후에 인공호흡을 하고, 폐에서 배기를 확인한 뒤 다시 심장마사지를 한다.

※ 심장이 정지해 있다고 판단했을 때에만 할 것.
※ 개의 크기에 따라 압박하는 힘이 다르다.
※ 교통사고인 경우에는 심장마사지를 하지 않는다.

꼭 알아야 할 주요 응급처치

골절·탈구

골절이나 탈구 처치에서는 '고정'이 중요하다. 부러진 곳이나 어긋난 관절을 원래대로 되돌리려고 하지 말고 그 상태로 고정한다. 환부를 부딪쳐 2차 부상이 일어나지 않도록 보호하는 것이 목적이라고 생각하면 된다. 또한 꼬리뼈의 고정은 어려운 기술을 요하므로 그대로 병원으로 데려간다. 필요에 따라 물리지 않도록 재갈을 물리고, 출혈이 있으면 지혈을 한 후에 고정한다.

• 늑골 고정

폭이 넓은 신축성 붕대나 시트를 단단히 감는다. 단 잇몸이나 혀가 하얗게 된 쇼크 상태가 나타난 경우에는 고정하지 말고 동물병원으로 데려간다. 들어 올려 안지 않도록 주의한다.

• 다리 고정

환부를 수건이나 거즈 증으로 감고, 그 위를 두꺼운 종이나 판자로 감싸서 고정한다. 에어캡(포장할 때 사용하는 뽁뽁이) 등을 이용하는 방법도 있다.

• 등뼈 보정

고정할 수 없는 곳이므로 동물병원으로 데려가는 동안 등뼈를 움직이지 않도록 하는 것이 중요하다. 판자나 다리미판 등에 올리고 끈으로 묶거나 시트나 담요를 이용한다.

타박

어딘가에 부딪치거나 맞아서 아픈 경우 개는 '깨갱!' 하고 하이톤의 큰 소리를 낸다. 이것도 하나의 판단근거이다. 부딪친 곳을 신경 쓰고 감싸려고 한다면 타박상일 가능성이 있다. 신경 써야 할 부분은 두부의 타박상이다. 걷는 모습이 이상하다고 느껴지거나 움직이려고 하지 않는 경우에는 중상일 수도 있으므로 가능한 움직이지 않도록 신경 쓰며 빨리 병원으로 데려간다.

환부를 쓰다듬어 보고 붓기가 있다면 얼음물에 적셔 꼭 짠 수건이나 보냉팩, 냉습포로 식혀서 상태를 살펴본다.

찰과상·절상·자상·교상

찰과상이나 절상 등의 상처로 걱정되는 부분은 상처를 통한 세균 감염이다. 출혈을 동반하는 경우에는 지혈을 실시한 후에 흐르는 물로 환부를 씻는다. 소독 후 상처를 붕대 등으로 보호한다. 상처가 깊은 경우에는 빨리 동물병원으로 간다. 놀라거나 통증 때문에 패닉이 되면 안정을 시켜준다.

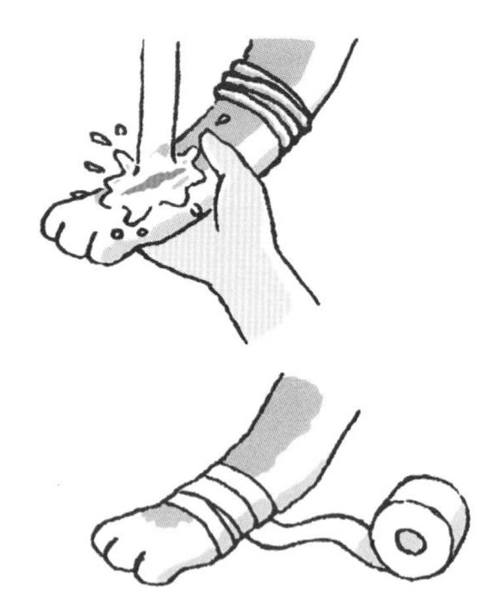

피를 흘린다면 지혈을 하고, 환부를 흐르는 물로 씻고 소독한 후에 붕대를 감아준다.

벌레에 물린 데

벌이나 모충 외에 독사나 해파리 등에 물릴 가능성도 있다. 독이 있는 것에게 물렸을 경우, 알레르기 체질인 개나 독이 퍼지기 쉬운 소형견은 주의가 필요하다. 바늘이나 촉수가 박혀 있다면 뽑고 물린 장소를 식히는 것이 기본적인 응급처치인데, 처치 후에는 만약을 위해서라도 수의사에게 진료를 받는 것이 좋다. 호흡곤란, 동공 확장, 대량의 침 등은 중도의 쇼크 상태. 뭐에 물렸는지 파악하고 빨리 동물병원으로 간다.

독이 있는 것에 쏘인(물린) 경우 움직이면 독이 퍼지기 쉬우므로 가능한 움직이지 못하게 하고 환부를 대량의 물로 씻어준다.

환부를 씻은 후 보냉제나 냉습포 등을 대고 수건으로 덮은 뒤 붕대로 감아 독이 퍼지는 것을 막는다.

화상

화상 처치는 상처의 정도에 따라 다르다. 경도라면 식히는 것이 가장 좋지만 중도인 경우에는 동물병원에 연락해서 지시를 따르는 것이 좋다. 또 화학약품에 의한 경우에는 세척이 최선이다. 어떤 종류의 약품으로 화상을 입었는지 파악한 후 병원으로 향한다. 갑작스럽게 벌어진 일에 놀라거나 심한 통증으로 쇼크 상태가 되는 개도 있다. 필요한 경우에는 인공호흡을 실시한다.

• 경도의 화상

환부를 식히는 것이 우선이다. 냉수에 담그거나 흐르는 물을 틀어 충분히 식힌 후에 동물병원에 데려간다.

• 화학약품에 의한 화상

반려인은 반드시 고무장갑을 껴서 손을 보호한다. 목줄은 모두 벗기고 개의 피모에 묻은 약품을 물로 깨끗이 씻어내고 환부를 보호하여 동물병원으로 이동한다. 약품의 종류나 성분을 쓴 메모나 용기를 지참한다.

• 중증 화상

쇼크 상태가 있으면 인공호흡을 한다. 피부가 벗겨지거나 짓물러 빨개지는 중도의 화상은 환부에 닿지 않도록 청결한 거즈(티슈는 환부에 달라붙으므로 엄금)로 보호하고, 목욕수건이나 붕대로 감은 뒤 즉시 병원으로 데려간다.

감전

감전되어 쓰러진 개에게 갑자기 다가가거나 만지는 것은 위험하다. 일단 반려인이 감전되지 않도록 대처한 후에 처치에 들어간다. 개가 소변을 흘린 경우 소변에도 전류가 흐르므로 주의한다.

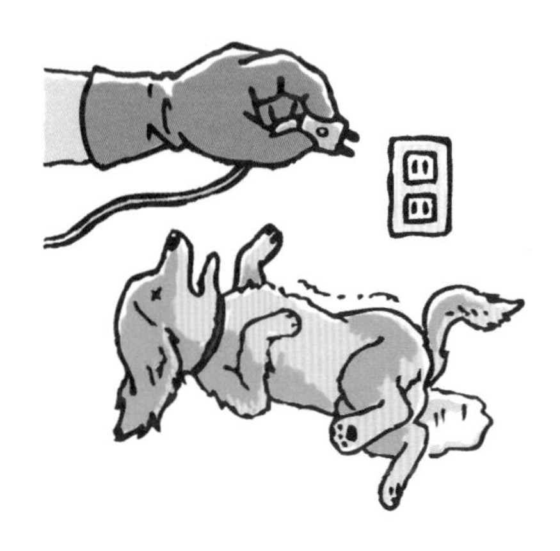

일단 반려인이 감전되지 않도록 장화를 신고 고무장갑을 낀다. 개가 코드를 물고 있다면 전류가 통하지 않는 나무막대 등으로 입에서 떼어내고 플러그를 뽑는다. 개의 상태를 확인하고 화상이 있다면 정도에 맞는 처치 후 병원으로 데려간다.

열사병

개는 땀샘이 거의 없어 땀을 흘려 체온을 낮추지 못하기 때문에 극히 짧은 시간에도 열사병에 걸린다는 사실을 잊지 말자. 숨이 거칠어지고 침을 대량으로 흘린다면 열사병의 신호. 잇몸의 붉은 기가 강해지고 심박 수가 많아지면 체온은 40℃를 넘을 것이다. 이렇게 되면 병원에 데려가기 전에 즉각적인 응급처치가 필요하다. 경련이나 구토, 잇몸이 하얘지는 등의 증상이 나타난다면 상당한 중증이다. 뇌에도 영향이 나타나므로 응급처치 후에는 가능한 빨리 병원으로 데려간다.

바람이 잘 드는 그늘 등으로 옮기고 너무 차갑지 않은 물을 목덜미와 후두부, 몸의 순서대로 뿌린 후 냉침이나 보냉제로 두부를 식힌다. 그 후에 물을 실컷 먹게 한다. 아주 약간의 소금을 섞으면 손실된 염분도 돌아온다. 체온이 36~37℃가 될 때까지 계속 처치한다.

경련

경련이 일어날 때에는 어딘가에 부딪쳐 다치게 할 만한 것들을 멀리 치우고 텔레비전 소리나 빛 등 강한 자극을 주지 않도록 한 뒤 가라앉기를 기다린다. 혀를 깨물지 않도록 둥글게 만 수건을 입에 물리는 것이 좋지만 발작 중에 다가갔다가 물릴 수도 있으므로 무리하게 할 필요는 없다.

강한 햇볕이나 소리 등 자극이 될 만한 것을 차단하고 발작이 가라앉으면 조용하고 어두운 방에서 쉬게 한다.

이물오식

일단 그 이물이 무엇인지 확인해야 한다. 목 부근에 걸려 있으면 바로 제거해야 한다. 식도나 위 끝까지 들어갔다면 동물병원에서 위세척을 하거나 수술로 꺼내야 한다. 삼킨 것이 약품인 경우 토해내게 하는 것이 좋은 것과 토해내면 식도나 목을 상처 입히는 것이 있기 때문에 약간 복잡하다. 아래 사항을 참고하자.

패닉에 빠진 개에게 물릴 수 있으므로 장갑을 낀다. 한손으로 코를 위로 잡고, 입안의 이물을 손 또는 숟가락으로 꺼낸다. 끝이 뾰족한 것은 사용하지 않는 것이 좋다. 줄의 끝부분만 보이는 경우에는 무리하게 꺼내려 하다가 중간에 끊어지게 되면 복잡해지므로 병원에서 대응하는 것이 좋다.

약품을 토하게 하는 방법

고농도의 식염수를 먹여 삼키게 한다. 삼키지 않을 때에는 바늘을 뺀 주사기 등으로 흘려 넣어준다. 토하든 토하지 않든 물이나 우유를 먹인다. 그 후에 삼킨 약품을 확인하고 병원으로.

약물을 삼킨 경우

토하게 하면 위험한 약품

- 화장실용 · 부엌용 세제(산, 알칼리)
  - 목이나 기관점막을 녹인다
- 표백제 · 곰팡이 제거제(염소계)
  - 식도 등의 점막을 상처 입힌다
- 등유 · 매니큐어 · 제광액 · 성유계 접착제
  - 기관에 들어가 휘발하여 폐를 다치게 한다.
- 살충제 · 방충제
  - 소화관, 기관, 목을 마비시킨다.

토하게 해도 되는 약품

- 살충제 중 유기인계 · 유기 염소계 등
- 살서제(와파린)
- 해충구제약(메탈알데히드)
- 제초제 중 유기비소계 · 페놀계 등
- 페인트
- 배터리액
- 건축자재(납)

물에 빠졌을 때

급하게 뛰어든다고 반려인이 구조할 수 있다는 보장이 없으니 구조를 기다리고, 구조할 때에는 구명조끼를 착용한다. 구조 방법으로는 튜브나 판 등을 던져서 잡게 하거나 긴 막대를 이용해 강가에 닿게 하거나 보트에서 구조하는 방법이 있다.

머리를 낮게 하여 눕히고 옆구리에서 가슴을 팡팡 두드려 물을 토하게 한다. 토해내지 않으면 뒷다리를 잡아 거꾸로 들고 천천히 좌우로 흔들어본다. 이래도 안 된다면 그때는 인공호흡을 한다.

응급처치의 목적과 마음가짐

반려인이 개의 부상을 치료할 수는 없다. 치료는 어디까지나 전문가인 수의사의 몫이다. 반려인의 역할은 사고나 부상을 입었다면 동물병원에 데려갈 때까지 개의 상태를 악화시키기 않기 위한 '우선적인' 처치를 하는 것이다. 반려인이 할 수 있는 최선의 응급처치는 사고 직후 개의 상태를 파악하는 것이다. 수의사에게 필요한 정보를 정확하게 전달할 수 있는 것만으로도 치료에 큰 도움이 된다. 이를 위한 체크 사항은 다음과 같다.

체크사항

- 몸 전체를 만져보고 이상 유무 확인.
- 심호흡이나 호흡의 거친 정도, 소리의 변화.
- 심박수나 맥박수가 정상인지.
- 쇼크 상태인지 아닌지.
- 잇몸이나 혀, 눈 색깔에 이상이 없는지.

세우거나 앉혀야 하는데 지시에 따르지 않는 것은 놀라서 어쩔 줄 몰라 하거나 아프기 때문이다. 결코 혼내는 것이 아니라는 사실을 인식시켜야 한다. 개의 기본 데이터(나이, 성별, 체중, 평열, 병력 등)는 치료에 참고가 되므로 수의사에게 꼭 알린다.

반려견을 위한 구급상자 만들기

위급할 때 바로 사용할 수 있도록 개 전용 구급상자를 준비해두자. 체온계의 전지가 끊어졌는지, 가위나 핀셋류에 녹이 슬었는지 정기적으로 확인한다. 바로 사용할 수 있는 목욕수건이 있으면 운반 시에 편리.

- 붕대(신축성 있는 것)
- 거즈
- 탈지면
- 반창고(대소별 종류대로 있는 것이 좋다)
- 스포이트(물약을 먹일 수 있는 것 등)
- 가위(끝이 둥근 것이 좋다)
- 겸자
- 발톱깎이
- 핀셋
- 체온계(개 전용 또는 시판 디지털 체온계
- 옥시돌 · 소독용 알코올(용구, 상처 소독에)
- 끈(재갈을 물릴 필요가 있을 때를 위해)
- 이어클리너(수의사 처방이 있는 것이 좋다)
- 상비약(눈 · 귀약, 지사제 등, 수의사에게 처방받은 것)

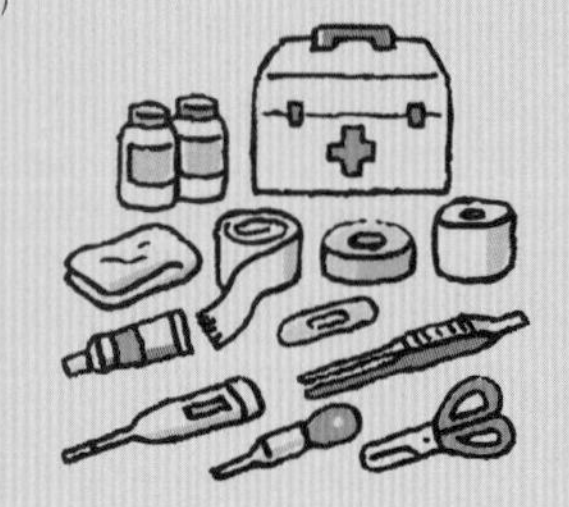

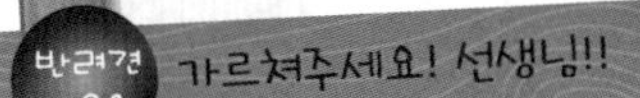

마이크로칩이란

Q 마이크로칩이 뭔가요?

A 마이크로칩은 동물 세계에서 통용되는 신분증명서와 같은 것이다. 11㎜ 길이 정도의 캡슐로, 개의 등쪽 목덜미에 주입한다. 마이크로칩에는 세계에서 단 하나뿐인 당신의 반려동물만의 넘버가 기록되어 있으며 리더기를 대면 개체를 식별할 수 있다.

Q 어떤 상황에서 도움이 되는가?

A 고베대지진 때 수많은 반려동물들이 미아가 되어 일시적으로 수용할 수 있는 장소를 만들어 대처했는데, 반려인을 찾을 수 없어 난처했다. 이런 재난 시가 아니라도 미아가 됐을 때나 교통사고 등을 당했을 때, 도난당한 자신의 반려동물이라고 증명해야 할 때 등의 경우에 마이크로칩을 삽입해두었다면 반려동물을 찾을 수 있다. 또 개와 고양이는 현재 해외여행 등으로 출국 시 건강증명서와 함께 마이크로칩의 장착이 의무화되어 있다.

Q 삽입 시 아프지는 않은가?

A 거의 통증이 없다. 피하주사처럼 바로 끝나기 때문에 개들은 가만히 있다.

Q 비용은 얼마나 되는가?

A 마이크로칩 장진은 대략 4만 원 정도이다.

Q 미아가 된 동물은 어떻게 반려인에게 돌아오는가?

A 미아견을 데려간 보호소나 동물애호센터, 동물병원 등이 리더기로 알아낸 넘버를 조회하여 반려인에게 연락한다. 가족의 일원인 반려동물을 위해서도 반드시 장진하도록 권유한다.

후기

감수자 코구레 노리오 수의학 박사

개 전용 백신이라고는 '광견병 예방약' 밖에 없었던 시절부터 개나 고양이를 진료했던 도시의 수의사 중 한 사람으로서 동물들의 생명의 중요함과 반려인들의 뜨거운 마음을 존중하며 50년이 지났습니다.

제가 개업의로 진료를 시작했던 당시 개의 3대 난치병으로는 홍역, 심장사상충증, 모포충증을 꼽을 수 있는데 실제로 이 질병에 걸린 개들의 치료는 고통의 연속이었습니다. 하지만 현재는 홍역 등의 감염증은 백신접종으로 예방할 수 있고, 모기가 매개가 되는 심장사상충증도 매월 1회의 예방약 복용으로 발병에서 거의 완전히 벗어났고 모낭충증도 효과적인 치료가 가능해져 완쾌 가능한 시대가 되었습니다. 이들 난치병 이외에도 영양학의 진보로 구루병 등의 발병도 거의 사라지게 되었고, 피검사로 가려움이나 탈모로 볼 수 있는 난치 피부병이 알레르기나 호르몬의 영향으로 일어난다는 것 등도 진단할 수 있어 치료하기 쉬운 시대가 되었습니다.

이 책에서는 반려견을 키우는 분들이 일상에서 불안하게 느끼는 개의 질병에 관한 지식을 전문가가 아닌 반려인이 보기 쉽도록 설명하고 치료나 처치 요점도 간결하게 표현하려고 했습니다. 개에게 보이는 변화를 가장 먼저 발견할 수 있는 것은 반려인인 당신뿐이며, 개의 호소를 민감하게 알아채고 빨리 수의사에게 상담하는 것이 개를 오래 살게 하는 비결이 아닐까요? 이를 위해 도움이 될 만한 시점에서 내용을 정리했습니다.

현재 동물병원에 통원하는 개나 고양이의 질병이 사람의 질병과 많이 비슷한데, 의료내용도 사람의 의료와 매우 가까워져가는 것을 알 수 있습니다. 동물의료 분야에도 전자기술이 보급되어 있고 CT나 MRI 등 고도의 화상진단도 가능해졌습니다. 당신의 반려견이 질병에 걸리지 않고 오래 사는데 이 책이 조금이라도 도움이 되기를 바라는 마음입니다.

영 문

CT 검사 103
MRI 검사 103

ㄱ

각막염 245
간질 175
감전 297
갑상선 기능저하증 188
개선충증 232
개 헤르페스바이러스 감염증 211
거대 식도증 136
걷는 모습이 이상하다 70
결막염 244
경련 68, 298
경련을 한다 68
고관절 형성부전 197
골연화증 196
골육종 265
골절 191, 295
관절염 200
광견병 203
구강 종양 262
구내염 261
구루병 196
구충증 217
귀가 이상하다 56
귀 손질 79
급성 간염 146
급성 신부전 153
급성 위염 139
기관지염 130
기관허탈 129
기침을 한다 64
기흉 133

ㄴ

난소 종양 166
내분비성 피부병 236
내이염 255
네프로제 증후군 158
노화 275
녹내장 248
농피증 229
뇌의 외상 182
눈•발톱 손질 80
눈이 이상하다 54

ㄷ

다이어트 방법 90
당뇨병 187
대장염 143
동맥관 개존증 117

ㄹ

레그 페르테스병 198
렙토스피라 감염증 212
류머티스성 관절염 201
림프관 육종 265

ㅁ

마라세티아 감염증 234
마른다 42
마이크로칩 301
만성 신부전 155
만성 위염 140
망막박리 249
먹는 양 증가 41, 47
먹는 횟수 증가 41, 47
모낭충증 231
물에 빠졌을 때 299

ㅂ

바베시아증 123
발육이 늦다 67
발톱진드기 감염증 230
방광염 160
배가 부어오른다 44
백내장 247
벌레에 물린 데 296
벼룩알레르기성 피부염 225
변비를 보인다 40
변형성 척추증 183
보정 293
부비강염 126
부상견 293
부신피질 기능저하증 186
부신피질 기능항진증 184
부정맥 120
붓는다 46
브루셀라증 213
비만도 체크 88
비염 124
빈혈 121
뼈의 종양 202

ㅅ

사구체신염 157
상피소체 기능저하증 190
상피소체 기능항진증 190
선암 265
선종 264
설사를 한다 38
소변 색이 이상하다 49
소변을 보기 힘들어 한다 48
소변이 나오지 않는다 48
소화기 종양 152
속눈썹 이상 241
수두증 178
슬개골 탈구 195
승모판 폐쇄부전 112
식도 내 이물 138
식욕이 없다 34
신우신염 159
신장증 158
심근증 114
심실, 심방 중격 결손증 119
심장마사지 294
심전도 검사 103

ㅇ

아토피성 피부염 223
악성 종양 264
안검내반 239
안검외반 239
안구 탈출 250
안면신경마비 180
애나멜질 형성부전 260
애디슨병 186
양성 종양 264
연구개 과장증 128
열사병 298
열이 있다 50
예방접종 106, 110
외이염 252
요독증 156
요로결석증 161
요붕증 189
위확장과 위염전 141
유두증 264
유루증 242
유선염 167
유선 종양 168
음식물 알레르기 226
의식을 잃는다 68
이물오식 299
이혈종 251
인공호흡 294
인두염 127
입에서 냄새가 난다 60

ㅈ

자궁축농증 163
자기면역에 의한 피부병 235
자상 296
장폐색 145
저혈당증 179
전립선 농양 173
전립선 농포 174
전립선 비대 171
전립선염 172
전십자인대 파열 199
전염성 간염 208
전정장애 177
절상 296
접촉성 피부염 227
정소 종양 170
정유정소 169
조충증 219
종양 263
중이염 254
지루증 228
지방종 264
지혈 방법 294
질탈 165

ㅊ

체리아이 243
초음파 검사 103
추간판 헤르니아 181
출혈성 위장염 142
충치 259
췌(장)염 147
췌외분비부전 148
치근첨주위농양 258
치매 278
치주병 256
침을 많이 흘린다 61

ㅋ

켄넬코프 209
코가 이상하다 58
코로나바이러스 감염증 210
콕시듐 220
쿠싱 증후군 184

ㅌ

탈구 193, 295
털이 빠진다 66
토한다 36

ㅍ

파보바이러스 감염증 207
파상풍 214
편모충증 221
편충증 218
편평상피암 264
폐동맥 협착증 118
폐렴 131
폐수종 132
포도막염 246
피를 토한다 65
피부가 이상하다 52
피부사상균증 233
피부 종양 237
필라리아증 115

ㅎ

항문낭염 149
항문주위염 150
혈소판 감소증 122
호흡을 괴로워한다 62
화상 271, 297
회음 헤르니아 151
회충증 215
횡격막 헤르니아 134
흉막염 135
흡수불량증후군 144

내 강아지를 위한 질병 사전

초판 1쇄 인쇄일 2021년 1월 5일
초판 1쇄 발행일 2021년 1월 15일

감수 코구레 노리오 옮긴이 강현정
펴낸이 김지영 펴낸곳 지브레인Gbrain
편집 김현주
마케팅 조명구 제작 김동영

출판등록 2001년 7월 3일 제2005-000022호
주소 04021 서울시 마포구 월드컵로7길 88 2층
전화 (02)2648-7224 팩스 (02)2654-7696

ISBN 978-89-5979-656-4(13490)

• 책값은 뒷표지에 있습니다.
• 잘못된 책은 교환해 드립니다.
• 해든아침은 지브레인Gbrain의 취미 · 실용 전문 브랜드입니다.